U0383169

高等职业教育计算机网络系列创新教材

PHP+MySQL Web 开发任务教程

王 姝 主编

刘 昕 苏志东 赵轶飞 副主编

科 学 出 版 社

北 京

内 容 简 介

PHP 技术是当前构建动态网站的主流技术之一，它是一种开源的 Web 脚本语言，可以嵌入到 HTML 中使用，能让网络开发人员快速编写动态页面。全书内容以使用 PHP 制作动态网页为主展开，包括 PHP 运行环境搭建，PHP 脚本语言基础，PHP 数据类型、表达式和流程控制，用户自定义函数及调用，PHP 的数据采集，PHP 面向对象编程，PHP 读取 MySQL 数据库操作等，从网站建设的角度，从网页间的数据传递和安全性方面，给出一个完整的动态网站规划、设计以及制作的完成过程。本书以反向设计思路组织各个项目的内容，并通过实用性案例循序渐进地引导读者进行学习。

本书适合作为高职高专院校计算机网络技术、软件技术、计算机信息管理等专业的动态网站开发课程教材使用，也可作为使用 PHP 进行 Web 编程人员的参考用书。

图书在版编目(CIP)数据

PHP+MySQL Web 开发任务教程 / 王姝主编. —北京：科学出版社，2021.6
（高等职业教育计算机网络系列创新教材）
ISBN 978-7-03-068585-8

Ⅰ. ①P… Ⅱ. ①王… Ⅲ. ①PHP 语言-程序设计-高等职业教育-教材
②SQL 语言-程序设计-高等职业教育-教材 Ⅳ. ①TP312.8 ②TP311.132.3

中国版本图书馆 CIP 数据核字（2021）第 063227 号

责任编辑：孙露露 / 责任校对：王 颖
责任印制：吕春珉 / 封面设计：东方人华平面设计部

科学出版社 出版
北京东黄城根北街 16 号
邮政编码：100717
http://www.sciencep.com
三河市骏杰印刷有限公司 印刷
科学出版社发行 各地新华书店经销

*

2021 年 6 月第 一 版 开本：787×1092 1/16
2021 年 6 月第一次印刷 印张：16 3/4
字数：381 000
定价：53.00 元
（如有印装质量问题，我社负责调换〈骏杰〉）
销售部电话 010-62136230 编辑部电话 010-62138978-2010

前　言

PHP 技术是时下主流的动态网站建设技术，PHP + MySQL 被誉为"黄金"开发组合，由于其体积小、速度快、源码开放、跨平台性好等特点，被广泛应用于中小型网站开发。全书主要内容围绕使用 PHP + MySQL 技术制作动态网页这一主线展开。

全书编写遵循三个基本思想：第一，以高职技能型人才培养为导向，使用反向设计思想，以职业素养和岗位职业技能为重点培养目标，以专业技能为项目模块，采用工作任务驱动的方式组织全书内容；第二，结合"1+X Web 前端开发"的考试要求，力图把本书编写成一本高质量的"课证融通"式教材；第三，融入素质教育和课程思政教育，在每个项目的学习目标设计上添加了"思政目标"，设计了项目测试，从理论知识、操作技能和学习态度三方面检查学生对项目内容的理解和掌握程度。

全书共包括 10 个项目。项目 1 主要以 XAMPP 为例，搭建 PHP 开发环境。项目 2 介绍如何获取用户输入并处理输出，内容包括 PHP 数据输入/输出、数据类型、表达式、数组和系统函数。项目 3 主要介绍流程控制和用户自定义函数及调用。项目 4 介绍 PHP 文件处理，使用 PHP 表单完成一个考试报名系统。项目 5 介绍 PHP 面向对象编程。项目 6 使用会话技术和图形图像处理 GD 库制作图片验证码。项目 7 介绍网站后台数据库的设计与管理。项目 8 使用 PHP 读取 MySQL 数据库，完成网站后台数据管理和用户管理。项目 9 讨论 Web 安全问题。项目 10 给出一个完整的动态网站的规划、设计以及制作完成过程。

与同类教材相比，本书主要具有以下几个方面的突出特点。

1. 校企合作开发，编写理念新颖

本书编写团队成员或来自教学一线或有丰富的企业工作经验，行业特点鲜明，编写经验丰富，理念新颖。本书编写以项目任务为载体，每个项目根据反向设计思想设置了预期目标，再把这些目标分解成任务，通过完成任务所涉及的知识和技能操作达成项目的目标。整个内容环环相扣，理论与实践紧密结合，体现了任务驱动和"教、学、做"一体化的思想，重在培养学生的动手能力和综合素质。

2. 内容选材新颖，对接职业岗位

本书的知识体系对接了职业岗位能力要求，倡导"课证融合"。在内容编排上，知识点和技能点对接"动态网站搭建"工作领域中的"动态网页开发"工作任务；案例任务的内容设计均来自于目前动态网页中最常用的功能，如文件上传、验证码技术等。

3. 结构清晰，重点突出

本书每个项目开头均给出了知识目标、技能目标和思政目标，使学生在学习新内容之前能够做到"心中有数"，有的放矢。本书精选典型实例，内容由简单到复杂，力求使学生系统掌握 PHP 的编程方法与技巧，具有很强的实用性。

4. 配套立体化教学资源，方便教学

本书配有二维码资源链接，读者通过手机等终端扫描后可观看相关操作视频。本书配套的教学课件、实例源文件、素材等，可通过网站（www.abook.cn）下载或发邮件到编辑邮箱（360603935@qq.com）索取。

5. 强化思政教育，渗透教书育人

本书发挥教材承载的思政教育功能，将思政教育与职业素养和教学内容相结合，使学生在学习专业知识的同时，掌握各个思政教育映射点所要传授的内容。

本书由西安航空职业技术学院王姝担任主编，并负责统稿，由刘昕、苏志东和赵轶飞担任副主编。其中，项目 1、项目 4、项目 5、项目 6、项目 8、项目 10 由王姝编写，项目 2、项目 3 由刘昕和王姝共同编写，项目 7 由赵轶飞编写，项目 9 由苏志东编写。此外，房栋参加了本书素材的准备工作。本书在编写过程中，参考了互联网上公布的相关资料，由于相关内容过于庞杂，无法一一列出，故在此声明，原文版权属于原作者，并由衷表示感谢。本书在开发过程中，得到了西安航空职业技术学院规划教材建设基金资助，在此一并表示感谢。

由于编者水平有限，书中疏漏之处在所难免，敬请广大读者批评指正。

目　　录

参考文献

项目 1

搭建 PHP 开发环境

知识目标 ☞
- 认识动态网页，解释动态网页与静态网页的不同。
- 认识 PHP 语言，陈述该语言的基本特点。
- 理解动态网页运行原理。
- 认识 XAMPP，描述其各个组件的作用。
- 掌握在 HTML 中嵌入 PHP 脚本的方法。

技能目标 ☞
- 能够下载和安装 XAMPP。
- 能够修改 XAMPP 中 Apache 服务的默认端口并使用。
- 能够正确配置 XAMPP 服务端口，使之正常运行。
- 能够编辑并运行一个 PHP 网页。

思政目标 ☞
- 培养认真细致的学习态度。
- 能够与组员合作，培养团队协作、互相沟通的能力。
- 培养分析问题和解决问题的能力。

Internet 上的网站由若干个网页组成，要想制作完成一个网站，首先要学会制作网页。掌握静态网页和动态网页制作技术是学习开发网站的先决条件。PHP 是一种运行于服务器端的动态网页编程语言，主要应用于 Web 开发领域，是当前最流行的 Web 编程语言之一。本项目主要以搭建 PHP 网站开发环境为目的，把整个项目分解为以下任务：认识动态网页，认识 PHP 语言，搭建 PHP 开发环境、编辑并运行一个 PHP 网页和配置基于域名的虚拟主机。

任务 1.1　认识动态网页

【任务描述】认识动态网页，解释动态网页与静态网页的不同，列举动态网页制作技术。

【任务分析】从网站的组成入手，分析网页内容对于网页制作技术的要求，学习动态网页的概念和运行原理，认识常见的动态网页制作技术。

认识动态网页
（微课）

■ **任务相关知识与实施** ■

WWW（world wide web，万维网）是 Internet 上基于客户机/服务器体系结构的分布式多平台的超文本信息服务系统，它是 Internet 上最主要的信息服务，允许用户在一台计算机上通过 Internet 存取另一台计算机上的信息。

WWW 主要分为两个部分：服务器端（server）和客户端（client），如图 1-1 所示。服务器端是信息的提供者，用于存放和管理网站。客户端是信息的接收者，通过网络浏览器（browser）连接到 Web 服务器，达到浏览网页的目的。

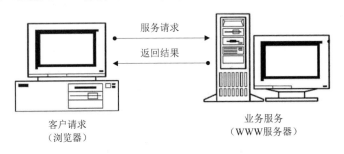

图 1-1　WWW 服务结构图

这种通过客户端浏览器和服务器进行通信的方式称为 B/S（browser/server）模式，即浏览器/服务器结构。B/S 模式主要利用成熟的 WWW 浏览器技术，使用浏览器实现了原来需要复杂专用软件才能实现的功能，节约了开发成本，是一种全新的软件系统构造技术。

1.1.1　静态网页与动态网页

Web 服务器上存放的网页分为静态网页和动态网页两种。

1. 静态网页

静态网页相对于动态网页而言，是指没有后台数据库、不含程序和不可交互的网页。在网站设计中，纯粹 HTML 格式的网页通常被称为"静态网页"。静态网页是标准的 HTML 文件，它的文件扩展名是.htm、.html，可以包含文本、图像、声音、Flash 动画等。静态网页是网站建设的基础，早期的网站一般都是由静态网页制作的。

静态网页适用于更新较少的展示型网站。静态页面容易让人产生误解，认为它们都是"静止的" HTML 页面，实际上静态网页也可以表现出各种动态效果，如 GIF 格式动画、视频、滚动字幕等。因此，静态网页是指内容上的"静"，而不是表现形式上的"静"。

2. 动态网页

动态网页是指与静态网页相对的一种网页编程技术。静态网页随着 HTML 代码的生成，页面的内容和显示效果基本上不会发生变化，除非修改了页面代码。动态网页则不然，页面代码虽然没有变，但是显示的内容却可以随着时间、环境或者数据库操作的结果发生改变，网页上的内容可以通过数据库提取出来进行动态更新。动态网页技术运行原理如图 1-2 所示。

3. 动态网页的执行过程

当用户通过浏览器访问存放在 Web 服务器上 PHP 文件时，其工作流程如下：

1）客户端浏览器提出一个查询请求。

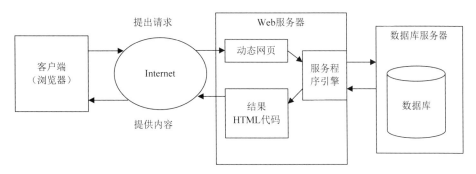

图 1-2 动态网页技术运行原理

2）Web 服务器接收到该请求，查找请求的网页文件。当找到的网页是静态网页时，服务器直接返回该静态网页到客户端浏览器。

3）当请求的网页是动态网页时，调用服务程序引擎，即 PHP 预处理器模块，由 PHP 预处理器进行解释处理。

4）PHP 预处理器对脚本程序进行解释，并把处理结果以 HTML 代码形式返回 Web 服务器，再由 Web 服务器返回结果到客户端浏览器。

5）当 PHP 预处理器对脚本程序进行解释时，如果 PHP 脚本中含有访问数据库的操作，PHP 预处理器还需要和数据库服务器进行交互并取得结果。客户端浏览器得到静态网页后将最终结果显示给用户。

PHP 网页的执行过程如图 1-3 所示。

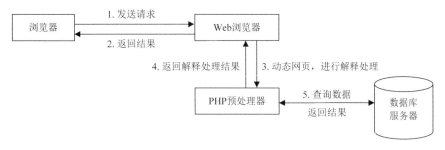

图 1-3 PHP 网页的执行过程

1.1.2 客户端动态网页技术

客户端动态网页技术不需要与 Web 服务器进行交互，实现动态功能的代码往往采用脚本语言形式直接嵌入到网页中。网页在客户端浏览器上直接响应用户的动作，有些应用还需要浏览器安装组件支持。常见的客户端动态技术有 JavaScript 等。

1.1.3 服务器端动态网页技术

服务器端动态网页技术需要客户端和服务器端共同配合来完成网页浏览。客户端给服务器端发请求，服务器端处理客户端请求并返回结果。服务器端动态技术能通过后台与客户端用户进行交互，完成用户查询、提交数据等动作。除了早期的 CGI 外，主流的服务器端动态网页技术有 PHP、JSP、ASP.NET 等。服务器端动态网页开发所需构件如下。

Web 服务器：如 Apache、IIS、Tomcat 等。

服务器端编程语言：如 PHP、ASP、JSP 等。

数据库服务器：如 MySQL、MariaDB、Oracle、SQL Server 等。

通过以上内容可知，开发动态网站需要进行前端开发和后端开发。Web 前端开发以 HTML、CSS、JavaScript 技术为主。Web 后端开发则以 Web 服务器、服务器端编程语言和数据库技术为主。本书主要以 PHP+MySQL 为主制作动态网页，使用 Apache 发布网站。

任务 1.2 认识 PHP 语言

【任务描述】认识 PHP 语言，陈述该语言的基本特点。

【任务分析】PHP 是一种广泛应用于 Web 开发领域的编程语言，有自己独特的优势和使用方法，可以从语言源起、发展、使用特点等方面了解 PHP 语言。

PHP 语言（微课）

■ 任务相关知识与实施

1.2.1 PHP 语言及其发展史

PHP 全称是 page hypertext preprocessor，中文名称是"页面超文本预处理器"，是一种通用开源脚本语言，使用广泛，主要适用于 Web 开发领域。用 PHP 语言编写的脚本文件的扩展名为.php。

作为开放源码的语言，PHP 发展迅猛。PHP 于 1994 年由 Rasmus Lerdorf 创建，期间历经不断改进和完善，发展到今天的 PHP 7。PHP 7 是 PHP 编程语言全新的一个版本，主要在性能方面获得了极大提升。

1.2.2 PHP 语言特点及其应用领域

PHP 语言吸收了 C 语言、Java 语言和 Perl 的特点，易于学习，使用广泛。它具有以下特性：

1）嵌入 HTML。因为 PHP 可以嵌入 HTML 中执行，所以学习起来并不困难。与其他的动态页面编程语言相比，PHP 可以更快速地执行动态网页，消耗相当少的系统资源，执行效率比完全生成 HTML 标记的 CGI 要高许多。

2）PHP 支持几乎所有流行的数据库，如 Microsoft SQL Server、Oracle、MySQL 等。PHP 与 MySQL 是绝佳的组合，并且使用 PHP 编写数据库支持的动态网页非常简单。

3）支持多种操作系统。同一个 PHP 应用程序，无须修改任何源代码，就可以运行在 Windows、Linux、UNIX、Mac OS 等大多数操作系统中，跨平台性好。

4）支持面向对象编程。PHP 提供了类和对象。面向对象的编程方式，不仅提高了代码的重用性，而且为代码维护带来很大的方便。

5）图像处理。用 PHP 可以动态创建图像。

6）框架成熟。PHP 框架层出不穷，比如国外的 Laravel 框架，国内的 ThinkPHP 框架，功能日臻完善，便于网站的开发和维护。

PHP 语言主要被应用于编写服务器端脚本，这是 PHP 最传统也是最主要的目标领域。开展这项工作需要具备以下三项：Web 服务器、PHP 预处理器模块和 Web 浏览器。在开发动态网站时，往往还需要数据库服务器。

1.2.3 PHP 常用编辑工具

编写 PHP 文件可以选择的工具很多。每一种开发工具都有自己的优势，找到一款适合自己的开发工具可以使 PHP 开发工作轻松和高效。

1）Notepad++，这是一款文本编辑器，软件小巧高效，支持多种编程语言。

2）Adobe Dreamweaver，简称 DW，Adobe 公司的产品。Adobe Dreamweaver 是集网页制作和网站管理于一身的所见即所得的网页代码编辑器。利用 DW 对 HTML、CSS、JavaScript 等内容的支持，设计师和程序员可以快速制作网站并进行网站建设。

3）HBuilder，是一款国产的支持 HTML5 的 Web 集成开发环境。

4）PhpStorm，是一个轻量级且便捷的 PHP IDE，其旨在提高用户效率，可以深刻理解用户的编码，提供智能代码补全、快速导航以及即时错误检查功能。

本书选择使用 Adobe Dreamweaver 作为编辑工具。

任务 1.3 搭建 PHP 开发环境

【任务描述】认识 XAMPP，描述其各个组件的作用。在计算机上安装 XAMPP 服务，使之正常运行。

【任务分析】XAMPP 是一款集成了 Apache、MySQL、PHP 预处理器等的软件，需要先下载和安装 XAMPP，再配置 XAMPP 中各个服务的端口，才能正常运行。

搭建 PHP 开发环境
（微课）

■ **任务相关知识与实施** ▰▰▰▰▰▰▰

PHP 网页需要经过 PHP 预处理器的解析才能被执行。搭建 PHP 的开发运行环境需要安装三个模块：

1）Apache Web 服务器。

2）MySQL 数据库。

3）PHP 预处理器。

这三个模块可以分别进行安装，然后再进行配置。为方便使用，通常使用这三个模块的集成环境进行快速安装。

目前常见的集成环境有 XAMPP、WAMP 和 PHPstudy 等。本书选择 XAMPP 作为开发环境，它可以在 Windows、Linux、Solaris、Mac OS 等多种操作系统上安装使用。由于 PHP 跨平台性好，因此开发 PHP 应用程序时一般选择 Windows 环境，发布和部署网站时通常使用 Linux 环境。

1.3.1 下载并安装 XAMPP

XAMPP 是一个功能强大的建站集成软件包，支持多种语言，如英文、简体中文等。

1. 下载 XAMPP 安装包

XAMPP 包含 MySQL、PHP 和 Perl 的 Apache 发行版，非常容易安装和使用。下载地址为 https://www.apachefriends.org/index.html，如图 1-4 所示，用户可根据操作系统下载相应的版本。这里选择下载 XAMPP for Windows。

图 1-4   下载 XAMPP 安装包

2. 安装 XAMPP

运行安装包里的 setup.exe 文件，根据安装向导提示进行安装，如图 1-5 所示。

在图 1-6 中选择要保存的路径，这里选择安装在 C 盘，然后单击 Next 按钮就可以跟着安装向导继续进行安装。

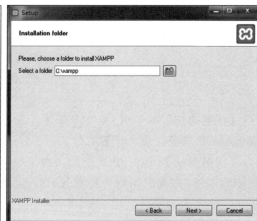

图 1-5   安装 XAMPP   图 1-6   选择安装路径

在安装程序的最后，选择要使用的语言，如图 1-7 所示，然后单击 Save 按钮保存。当出现如图 1-8 所示界面时，表示安装成功。

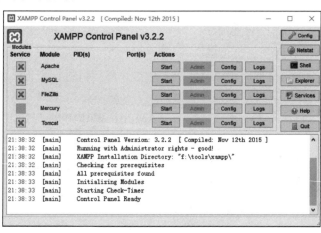

图 1-7   选择语言   图 1-8   XAMPP 控制面板

1.3.2　配置 XAMPP

在图 1-8 中，单击 Apache 后面的 Start 按钮，启动 Apache 服务，其中已经包括了 PHP 模块，也会一并启动。单击 MySQL 后面的 Start 按钮，可以启动 MySQL 服务。正常启动后的界面如图 1-9 所示。

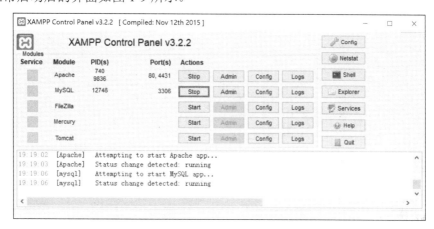

图 1-9　启动服务后的 XAMPP 控制面板

在启动过程中，如果遇到端口占用，则服务不能正常启动，需要进行配置。可以单击图 1-9 中的 Netstat 按钮查看当前计算机上的端口使用情况。在默认情况下，http 使用 80 端口，https 使用 443 端口，MySQL 使用 3306 端口。如果用户计算机上的 80 端口或者 443 端口被占用，都会造成 Apache 不能正常启动，需要修改 Apache 的配置文件。

1. 修改 Apache 的配置文件 httpd.conf

单击 Apache 后面的 Config 下的 Apache（httpd.conf），如图 1-10 所示，打开 Apache 的配置文件 httpd.conf，查看其中的端口号：Listen 80，这里保持默认值不变。如果用户这里修改了端口号，比如修改为：Listen 8080，则访问服务器时要添加端口号：http://localhost:8080。

2. 修改 Apache 的配置文件 httpd-ssl.conf

单击 Apache 后面的 Config 下的 Apache（httpd-ssl.conf），如图 1-10 所示，打开 Apache 的配置文件 httpd-ssl.conf，查看其中的默认端口号：Listen 443。这里修改为：Listen 4431。

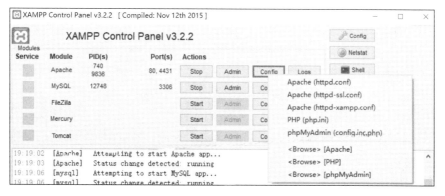

图 1-10　配置 Apache

3. 修改 MySQL 的配置文件 my.ini

单击 MySQL 后面的 Config 下的 my.ini，如图 1-11 所示，查看其中的端口号：port=3306，这里保持默认值不变。

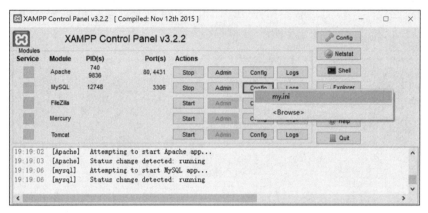

图 1-11　配置 MySQL

完成配置后，重新启动 Apache 服务和 MySQL 服务。

1.3.3　测试 XAMPP

安装配置好 XAMPP 后，有两种测试方法来确认 XAMPP 正常运行。

1）打开浏览器，在地址栏中输入：http://localhost 或 http://127.0.0.1。

2）单击图 1-9 中 Apache 后面的 Admin 按钮。

若可以看到如图 1-12 所示的 XAMPP 的默认页面，则可确认 XAMPP 正常运行，XAMPP 的安装和配置完成。

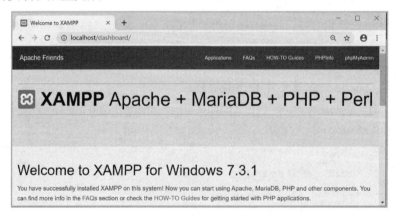

图 1-12　XAMPP 的默认页面

说明：通过浏览器输入 localhost 可以访问本地服务器。由于当前计算机上安装了 XAMPP 软件，因此该计算机既是客户机，又是服务器。通过浏览器访问的是本地服务器，因此输入名称为 localhost 时，读取的网页就是存放在 c:/xampp/htdocs 目录下的 index.php 文件。

单击图 1-12 中的 phpMyAdmin 超链接，进入 MySQL 的图形化管理界面，可以查看

MySQL 数据库服务的运行情况，如图 1-13 所示。

图 1-13 数据库图形化管理工具 phpMyAdmin

从图 1-11 可以看出，XAMPP 平台由几个组件组成，呈分层结构，每一层都提供了整个软件栈的一个关键部分。其中，与 PHP 文件运行相关的各个组件及其功能如下：

1）Windows 处于最低层，其他每个组件都在其上运行。

2）Apache 运行于操作系统之上，是 Web 服务器，提供可让用户获得 Web 页面的服务。

3）PHP 是 PHP 预处理器，也叫 PHP 解释器，负责解释执行 PHP 脚本代码，由 Apache 调用，PHP 文件通过 Apache 和 PHP 的共同支持才能运行。

4）MariaDB 数据库管理系统是 MySQL 的一个分支，完全兼容 MySQL。它是一个开源的数据库管理系统，提供系统的数据存储。使用 MySQL 可以获得一个强大的、适合运行大型复杂站点的数据库。在 Web 应用中，所有数据、账户和其他信息都可以存入数据库，通过 SQL 语言可以查询这些信息。

任务 1.4 编辑并运行一个 PHP 网页

【任务描述】编辑并运行一个 PHP 网页。

【任务分析】在 Adobe Dreamweaver 中建立一个 PHP 文件，在代码视图下输入文件内容。保存文件到 XAMPP 服务器目录下，启动 XAMPP，运行 PHP 文件。

运行 PHP 网页
（微课）

■ 任务相关知识与实施

1.4.1 在 HTML 中嵌入 PHP

PHP 是一种嵌入式语言，通常嵌入在 HTML 中实现动态网页的功能。

例 1-1 在 HTML 中嵌入 PHP 脚本。

```
<!doctype html>
<html>
<head>
```

```
<meta charset="utf-8">
<title>第一个 PHP 程序</title>
</head>
<body>
<?php
  echo "Hello World";
  echo "<p>";
  echo date("当前时间：Y-m-d H:i:s");
 ?>
</body>
</html>
```

按如下步骤完成这个 PHP 程序的编辑与运行。

1）打开 Adobe Dreamweaver，切换到代码视图，输入上面的程序，如图 1-14 所示。

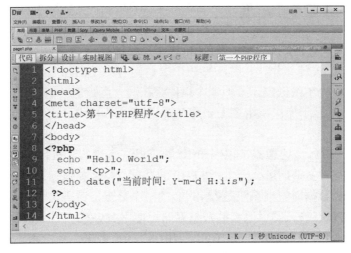

图 1-14　在 Dreamweaver 中编辑 page1.php

2）以 page1.php 为文件名，保存在 C:/xampp/htdocs 目录下，这是 XAMPP 服务器的默认目录。

注意　XAMPP 服务器的默认目录取决于其安装位置，如果你的 XAMPP 安装在 C 盘，则默认目录为 C:/xampp/htdocs。

3）打开浏览器，在地址栏中输入 http://localhost/page1.php 后，按回车键，会看到如图 1-15 所示的页面，表示第一个 PHP 程序编写和运行成功。

图 1-15　page1.php 运行结果

在该程序中，写在 "<?php" 标记与 "?>" 标记之间的就是 PHP 脚本。其中代码行：

```
echo "Hello World";
echo "<p>";
echo date("当前时间: Y-m-d H:i:s");
```

中的 echo 是 PHP 中的输出语句。该程序调用了 PHP 的 date() 函数，用于显示系统当前时间。

查看运行结果，会发现页面显示时间与计算机系统时间相差 8 小时。这是由于 PHP 预处理器在解析 PHP 代码时，默认使用的是格林尼治时间 GMT。通过如下步骤可以修改 PHP 的时区设置。

1）修改 PHP 的配置文件，在 XAMPP 控制面板中找到 PHP（php.ini）文件，如图 1-16 所示。

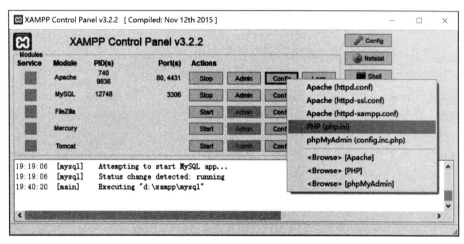

图 1-16　php.ini 文件

2）打开 php.ini，在其中查找 date.timezone 行，可以看到默认时区是 Europe/Berlin。

3）把该行修改为 date.timezone=PRC，如图 1-17 所示。

4）保存该文件。重新启动服务器，使得修改服务器配置生效。

5）在浏览器中再次打开 page1.php，页面上的时间显示正常。

图 1-17　修改 PHP 时区设置

> **注意**　XAMPP 的各项配置文件如果修改错误，将会导致服务无法正常运行。通过浏览器输入 localhost 访问本地服务器，读取的网页就是存放在 c:/xampp/htdocs 目录下的 page1.php 文件中。

1.4.2　PHP 标记

观察 page1.php 文件代码，可以看出，这个文件由 HTML 代码和 PHP 代码两部分组成。其中，PHP 代码以 "<?php" 标记作为开始，以 "?>" 标记作为结束，这两个标记叫作 PHP 标记。PHP 标记可以告诉 Web 服务器 PHP 代码的开始和结束。这两个标记之间的任何文本都会被解释成为 PHP, 而此标记之外的任何文本都会被认为是常规的 HTML。因此, PHP 标记用于隔离 PHP 代码和 HTML 代码。

在书写程序时, 共有四种不同风格的 PHP 标记可供用户使用。以下所示的四段代码都是等价的。

1. XML 风格

例如:

```
<?php  echo  '<p>正在处理订单.</p> ';    ?>
```

这是 PHP 推荐使用的标记风格, 服务器管理员不能禁用这种风格的标记, 可以保证在所有服务器上使用这种风格的标记。本书中所使用的就是这种风格。

2. 简短风格

例如:

```
<?  echo  '<p>正在处理订单.</p> ';    ?>
```

这种标记风格是最简单的。要使用这种标记风格, 必须在 PHP 的配置文件 php.ini 中启用 short_open_tag 选项。不推荐使用这种风格的标记, 因为这种风格在许多环境的默认设置中已经不再被支持。

3. Script 风格

例如:

```
<script language= 'php '>
   echo  '<p>正在处理订单.</p> ';
</script>
```

这种标记风格是最长的, 类似于使用 JavaScript。如果所使用的 HTML 编辑器无法支持其他标记风格, 可以使用它。

4. ASP 风格

例如:

```
<%  echo  '<p>正在处理订单.</p> ';    %>
```

这种标记风格与 ASP 或 ASP.NET 的标记风格相同。如果在 PHP 的配置文件 php.ini 中设定启用了 asp_tags 选项, 就可以使用它。在默认情况下, 该标记风格是禁用的。

1.4.3 PHP 语句

书写在 PHP 开始标记和结束标记之间的就是 PHP 程序, 它由若干条 PHP 语句构成, 每条 PHP 语句完成某项操作。

PHP 中的每条语句以英文分号 ";" 作为语句结束标志。如果多条 PHP 语句之间逻辑关系紧密, 可以使用括号 "{" 和 "}" 把这些 PHP 语句包含起来形成语句块, 也称为复合语句。

1.4.4 注释

注释就是对代码的解释和说明。注释可以用来解释脚本的用途、脚本编写者和上一次修改的时间等。PHP 解释器将忽略注释中的任何文本, 对其不进行任何操作。PHP 支持 C、C++和 Shell 脚本风格的注释。

1. C 风格的注释

例如，如下所示是一个 C 风格的多行注释。这样的注释一般出现在 PHP 脚本的开始处。多行注释不允许嵌套使用。

```php
<?php
/*  作者: lili
    修改时间:2020-3-26
*/
?>
```

2. C++风格的注释

例如，一个 C++风格的单行注释如下所示:

```php
<?php
echo '<p>正在处理订单.</p> ';  //输出提示信息
?>
```

3. Shell 脚本风格的注释

例如，一个 Shell 脚本风格的单行注释如下所示:

```php
<?php
echo '<p>正在处理订单.</p> ';  #输出提示信息
?>
```

以上就是 PHP 的基本语法规则。在编写 PHP 程序时，应该遵守这些规则，否则程序运行时会报错。

任务 1.5　配置基于域名的虚拟主机

【任务描述】给网站定义域名，通过域名访问网站中的文件。

【任务分析】使用本地域名解析，按照以下步骤进行: 在 Windows 的 hosts 文件中定义本地域名;配置 XAMPP,实现域名绑定。

■ **任务相关知识与实施**

在任务 1.4 的例子中，通过默认的域名 http://localhost/page1.php 访问了存放在服务器默认路径 xampp/htdocs 下的 page1.php 文件。在网站运行过程中，网站项目文件的存放位置与服务器默认目录是分开存放的。比如，XAMPP 安装在 C 盘，网站项目文件存放在 D 盘。当用户访问不同网站时，需要给网站定义各自域名，这就需要配置基于域名的虚拟主机。本节学习 XAMPP 配置多个域名的绑定方法。

1. 网站域名规划

案例场景:服务器 XAMPP 安装在 C 盘，网站项目文件存放在 D 盘，网站规划如表 1-1 所示。

表 1-1　网站规划

网站名称	网站根目录	网站首页	网站域名
网站 1	d:/mysite1	d:/mysite1/index.php	www.mysite1.com
网站 2	d:/mysite2	d:/mysite2/index.php	www.mysite2.com

其中，d:/mysite1/index.php 的内容如下：

```
<?php  echo "<h3> 这是 mysite1 的首页 </h3>"; ?>
```

d:/mysite2/index.php 的内容如下：

```
<?php  echo "<h3> 欢迎来到 mysite2 的首页 </h3>"; ?>
```

2. 域名映射

在 Windows 环境下，XAMPP 中 Apache 配置多个域名绑定访问的过程，可分为域名映射和主机绑定两大部分。域名映射的主要目的是让域名能被操作系统识别。域名可以使用域名服务器，这里使用 Windows 本地域名解析 hosts 文件。

操作如下：

1）使用记事本打开 C:/WINDOWS/system32/drivers/etc/hosts，在该文件最底部添加要绑定的域名，如图 1-18 所示。

完成后，保存 C:/WINDOWS/system32/drivers/etc/hosts 文件。

2）打开 Windows 命令行终端，使用 ping 命令测试域名是否生效。如果 ping 域名能够得出对应的 IP 地址，证明配置成功，测试如图 1-19 所示。

```
127.0.0.1   www.mysite1.com
127.0.0.1   www.mysite2.com
```

图 1-18 修改 hosts 文件

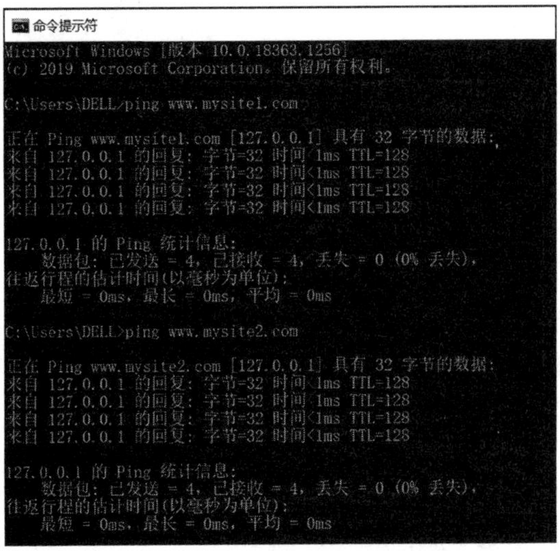

图 1-19 用 ping 命令测试域名

3. 主机绑定

这一步的主要目的是让网站域名能绑定到对应的网站项目文件。可通过修改 Apache 配置文件实现，操作过程如下：

1）用记事本打开 Apache 配置文件 xampp/Apache/conf/extra/httpd- vhosts.conf，然后在该文件最底部添加以下代码以绑定第一个网站。

```
<VirtualHost *:80>
    ServerAdmin test@mysite1.com
    DocumentRoot "d:\mysite1"
    ServerName www.mysite1.com
    <Directory "D:/mysite1">
    Options FollowSymLinks IncludesNOEXEC Indexes
    DirectoryIndex index.html index.htm index.php
    AllowOverride all
```

```
      Order Deny,Allow
      Allow from all
      Require all granted
      </Directory>
   </VirtualHost>
```

各配置信息含义如下：

ServerAdmin：表示该网站的管理者。

DocumentRoot：这个很重要，表示要绑定的网站项目的绝对路径。

ServerName：要绑定的域名。

Directory：定义网站项目目录及访问权限。

2）继续在该文件底部添加以下代码以绑定第二个网站。

```
<VirtualHost *:80>
   ServerAdmin test@mysite2.com
   DocumentRoot "d:\mysite2"
   ServerName www.mysite2.com
   <Directory "D:/mysite2">
   Options FollowSymLinks IncludesNOEXEC Indexes
   DirectoryIndex index.html index.htm index.php
   AllowOverride all
   Order Deny,Allow
   Allow from all
   Require all granted
   </Directory>
</VirtualHost>
```

完成修改后，保存该文件，然后重启 XAMPP。

3）在浏览器中分别输入域名进行测试，运行结果如图 1-20 和图 1-21 所示。

图 1-20　网站 mysite1 的首页　　　　　图 1-21　网站 mysite2 的首页

这样，就完成了基于域名的虚拟主机配置。

说明：当 Apache 开启虚拟主机后，有时可能造成输入 localhost 无法访问 xampp 根目录的问题，这时需要修改配置文件，重新定义默认根目录。解决方法如下：打开 Apache 配置文件 xampp/Apache/conf/extra/httpd-vhosts.conf，然后在该文件最底部直接添加以下代码：

```
<VirtualHost *:80>
   ServerAdmin webmaster@localhost
   DocumentRoot "C:\xampp\htdocs"
   ServerName localhost
   ServerAlias localhost
</VirtualHost>
```

然后，保存文件，重启 XAMPP 即可。

项目总结

本项目主要介绍了动态网页技术以及运行原理，初步学习了使用 PHP 语言编写一个动态网页的方法，搭建了 XAMPP 服务器运行环境并运行了 PHP 网页。通过项目任务，认识 PHP 语言在 Web 制作领域的优势，能够在 HTML 中嵌入 PHP 脚本编写网页，并且在 XAMPP 环境下运行。在安装启动 XAMPP 服务器过程中，容易因为端口占用而造成服务无法启动，因此要仔细查看端口的使用情况，并能够做出相应调整，使得服务能够正常启动。在整个过程中要做到认真细致，分析遇到的问题，查阅资料，并与组员合作，最终解决问题。

项目测试

知识测试

一、选择题

1. 在默认状态下，PHP 服务器脚本写在（　　）标记内部。

　A. <?php　/?>　　　　　　　　B. <script>　</script>

　C. <?php　?>　　　　　　　　　D. 以上都不对

2. 下列（　　）是 Apache 的配置文件。

　A. php.ini　　B. httpd.conf　　　　C. Apache.exe　　　D. mysql.exe

3. 下列（　　）是 PHP 的配置文件。

　A. php.exe　　B. php.ini　　　　C. php_mysql.dll　　　D. php_mysqli.dll

4. http 协议使用的默认端口是（　　）。

　A. 80　　　B. 3306　　　　C. 443　　　　D. 8080

5. https 协议使用的默认端口是（　　）。

　A. 80　　　B. 3306　　　　C. 443　　　　D. 8080

6. mysql 服务使用的默认端口是（　　）。

　A. 80　　　B. 3306　　　　C. 443　　　　D. 8080

7. 如果将 Apache 的 httpd.conf 文件中端口修改为 listen 8080，则在使用 Apache 目录下的 page1.php 文件时，应该使用（　　）。

　A. http://localhost/page1.php　　　　B. http://localhost:8080/page1.php

　C. http://localhost:/page1.php:8080　　D. http://localhost:80/page1.php

8. PHP 网页运行时在客户端可以看到真实的 PHP 源代码，这种说法是（　　）的。

　A. 正确　　　　　　　　　　　B. 错误

9. 用 PHP 编写的网页是静态网页，这种说法是（　　）的。

　A. 正确　　　　　　　　　　　B. 错误

10. PHP 是一种创建动态交互性站点的服务器端脚本语言，这种说法是（　　）的。

　A. 正确　　　　　　　　　　　B. 错误

11. 开发 PHP 网页所使用的脚本语言是 PHP，这种说法是（　　）的。

　A. 正确　　　　　　　　　　　B. 错误

12. 网页中的 PHP 代码同 HTML 标记符一样，必须用分隔符"<"和">"将其括起来，这种说法是（   ）的。

    A. 正确　　　　　　　　　　　　B. 错误

13. PHP 和 HTML 可以混合编程，这种说法是（   ）的。

    A. 正确　　　　　　　　　　　　B. 错误

14. PHP 程序的扩展名必须是.php，这种说法是（   ）的。

    A. 正确　　　　　　　　　　　　B. 错误

15. 以下（   ）不是 PHP 允许的注释符号。

    A. //　　　　　　　　　　　　B. 闭合的段落

    C. #　　　　　　　　　　　　D. /*和*/闭合的段落

16. 如何使用 PHP 输出"Hello World"？（   ）

    A. "Hello World";

    B. echo "Hello World";

    C. Document.Write("Hello World");

    D. response.write("Hello World");

17. PHP 指的是（   ）。

    A. preprocessed hypertext page

    B. hypertext markup language

    C. page hypertext preprocessor

    D. hypertext transfer protocol

18. 结束 PHP 语句的正确方法是（   ）。

    A. 使用"</php>"结束

    B. 使用问号"?"结束

    C. 使用分号";"结束

    D. 使用句号"."结束

19. XAMPP 安装好之后，默认读取的 index.php 文件存放在（   ）目录下。

    A. xampp/install

    B. xampp/mysql

    C. xampp/php

    D. xampp/htdocs

20. Windows 自带的本地域名解析 hosts 文件的作用，以下说法正确的是（   ）。

    A. 只能把域名解析为 IP 地址

    B. 只能把 IP 地址解析为域名

    C. 能够实现 IP 地址与域名的相互解析

    D. 以上说法都不对

二、简答题

1. 常见的动态网页制作技术主要有哪些？

2. PHP 技术有什么优点？

技能测试

1. 分组完成 XAMPP 的安装与配置。在 Windows 中安装 XAMPP，启动 Apache 服务和 MySQL 服务，若启动失败，查找失败原因并进行修改，使服务正常启动。

2. 在 XAMPP 服务器环境下调试和运行 PHP 程序。新建 page2.php 文件，代码如下：

```html
<!doctype html>
<html>
<head>
<meta charset="utf-8">
<title>First Page</title>
</head>
<body>
<?php
  echo "欢迎进入 PHP 的世界";
  echo "<hr/>";
  echo "这是我的首页,现在时间:";
  echo date("Y-m-d H:i:s");
?>
</body>
</html>
```

详细的操作过程参考 1.4.1 节，查看网页的运行结果。

学习效果评价

序号	评价内容	个人自评	同学互评	教师评价
1	熟悉动态网页与静态网页的不同			
2	熟悉动态网页的运行原理和流程			
3	能够下载和安装 XAMPP			
4	熟悉 XAMPP 中各个服务的默认端口			
5	能够正确配置 XAMPP 服务端口，使之正常运行			
6	能够编辑并运行一个 PHP 网页			
7	严谨治学：根据所学理论，学以致用，完成基本任务			
8	团队合作：与组员交流互动，解决问题			

评价标准

A：能够独立完成，熟练掌握，灵活应用，有创新

B：能够独立完成

C：不能独立完成，但能在帮助下完成

项目综合评价：>6 个 A，认定优秀；4~6 个 A，认定良好；<4 个 A，认定及格

项目 2

PHP 语言基础——获取并处理用户的输入

知识目标 ☞
- 认识 PHP 的输出语句，陈述 echo、var_dump、print_r 的不同。
- 认识 PHP 变量和常量，能正确表示和使用常量、变量。
- 认识 PHP 数组，陈述数组的特点。
- 认识 PHP 中常用的系统函数，能使用函数处理数据。

技能目标 ☞
- 能够使用 HTML 表单传递数据给服务器。
- 能够使用 $_GET 和 $_POST 获取客户端传递的数据。
- 能够选择合适的变量存储用户的数据。
- 能够正确使用运算符操作常量、变量。
- 学会编写简单的 PHP 程序。
- 能够应用表单获取数据并编写 PHP 脚本处理数据。

思政目标 ☞
- 培养信息搜索和研究式学习能力。
- 培养严谨细致的观察能力和学习态度。
- 培养动手实践能力。

PHP 是一种解释型的语言，使用 PHP 编写的网页文件保存时，文件扩展名是.php。PHP 文件命名时，文件名中不可包含中文、空格、特殊符号，一般使用有意义的英文单词命名。作为一种编程语言，PHP 有自己的语法规范和数据类型。PHP 编程逻辑遵循数据输入、数据处理和结果输出这样的基本处理流程。本项目主要学习 PHP 语言的基础知识，通过项目任务，介绍 PHP 的数据输入与输出，数据类型与数据操作，使用数组存储多个数据。通过该项目的学习，初步掌握使用 PHP 编写程序的方法。

任务 2.1　获取客户端用户的输入

【任务描述】编写 PHP 程序，输出用户在表单中填写的用户名。

【任务分析】根据功能描述，编写两个文件：一是用来输入用户名的界面文件，可以是一个静态网页，主要使用表单提供数据输入；二是处理表单数据的 PHP 文件，主

要实现用 $_GET 获取表单传递的数据。最后输出结果。通过该任务,可以学习表单在数据传递中的重要作用,也初步认识 PHP 获取表单数据的方法。

■ **任务相关知识与实施** ■

2.1.1 PHP 数据输出

在编制动态网页时,一般的数据处理流程是先定义或者输入数据,然后根据功能需要对数据进行处理,最后输出处理结果。一个有意义的程序,可以没有输入,但是至少有一个输出。PHP 提供了丰富的函数库,通过调用输出函数实现输出功能。常用的输出函数是 echo 函数,其语法及格式如下:

```
echo ( string $arg1 )
```

功能:输出参数 $arg1 的值,该参数可以是字符串、数字、布尔(true:1;false:空)类型的数据,不会自动换行。

说明:现在的 echo 更是一个语言构造,表现得不像函数,因此其输出的参数可以不用写在括号里。

例 2-1 使用 echo 函数输出数据。

```
<?php
$username="黄河颂";          //定义变量
echo "欢迎 <b>";            //输出文本,其中含有 HTML 标签
echo $username;             //输出变量
echo "</b>,光临我的网站";
?>
```

该例是一个纯 PHP 脚本文件,只包含了 PHP 源代码,在 PHP 标签之外是 HTML 语言环境。该文件的编辑以及运行结果如图 2-1 所示。

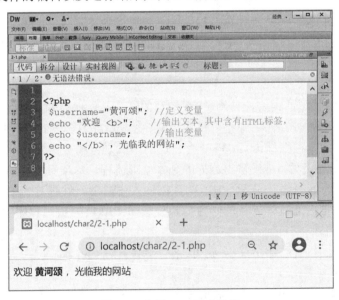

图 2-1 使用 echo 输出数据

PHP 中同样可以实现数据输出的还有 print() 函数、print_r() 函数、var_dump() 函数等。

使用形式如下：

```
print("</b>,光临我的网站");
print_r("</b>,光临我的网站");
var_dump("</b>,光临我的网站");
```

这些函数的用法与 echo 的用法相似。var_dump()函数可以输出表达式的结构信息，包括表达式的类型与值。读者可以对上例进行修改，比较分析输出结果的不同。

2.1.2　HTML 表单

PHP 中数据输入一般采用 HTML 表单实现。表单一般由表单标记<form>、表单控件和表单提交按钮组成。其中，表单标记<form>有两个重要属性。

1）method 属性：说明表单数据传递到服务器的方式，有 post 和 get 两种取值，都是向服务器提交数据，并且都会从服务器获取数据。当表单的 method 属性缺省时，默认使用 get 方式。

2）action 属性：该属性值是一个 URL。说明当表单提交后，由哪个脚本文件对表单数据进行处理。

因为表单中的数据要被传递到服务器，所以在表单中必须要有一个"提交"按钮 submit。当用户填完表单数据，单击"提交"按钮后，就会转向由 action 属性指定的文件或 URL 去处理。

例 2-2 建立一个 get 请求的表单页。

新建一个名为 2_2form.html 的文件，表单中有两个控件：文本框和"提交"按钮。当填写了用户名后，单击"提交"按钮，数据便以 get 方式由客户端传递到服务器端，由 2_2formget.php 脚本文件对数据进行处理。其代码如图 2-2 所示。

图 2-2　一个 get 请求的表单页

代码如下：

```
<!DOCTYPE html>
<html>
 <head>
    <meta charset="UTF-8">
    <title>get 方式的表单</title>
```

```
  </head>
  <body>
    <form method="get" action="2_2formget.php">
    <p>用户名: <input type="text" name="uname" /> </p>
    <p> <input type="submit" value="提交" name="tijiao"/> </p>
    </form>
  </body>
</html>
```

2.1.3 用$_GET 获取表单数据

当表单数据以 get 方式提交到服务器端后，PHP 脚本文件如何获取传递过来的表单数据呢？可以通过 PHP 提供的一个预定义的超级全局变量$_GET 来获取数据。那么$_GET 到底是什么呢？用下面的程序进行测试。

例 2-3 使用$_GET 获取数据。

新建一个用来获取数据的脚本文件 2_2formget.php，代码如下：

```php
<?php
 echo "<pre>";                    //输出 html 标签，预格式化文本
 print_r($_GET);                  //输出全局变量$_GET
 echo "</pre>";
$username=$_GET["uname"];         //用$_GET 获取表单中 uname 文本框的值
 echo "欢迎 <b>";
 echo $username;                  //输出变量
 echo "</b>，光临我的网站";
?>
```

创建的文件如图 2-3 所示。

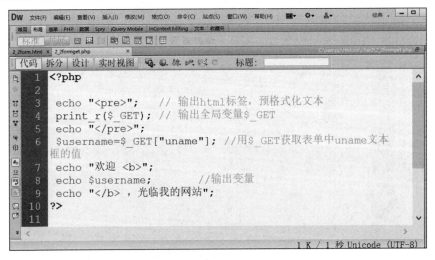

图 2-3 获取 get 请求的 PHP 脚本文件

运行该表单程序，效果如图 2-4 所示。当输入用户名后，单击"提交"按钮，出现如图 2-5 所示的页面。分析网页输出结果，$_GET 是一个 Array（数组）类型的变量，该数组中有两个元素：第一个元素名称是 uname，存储的值是"泰山"；第二个元素名称是 tijiao，存储的值是"提交"。显然，这两个数组元素就是表单的文本框和"提交"

按钮这两个表单元素。因此，在后续行读取数组的 uname 元素值并输出。

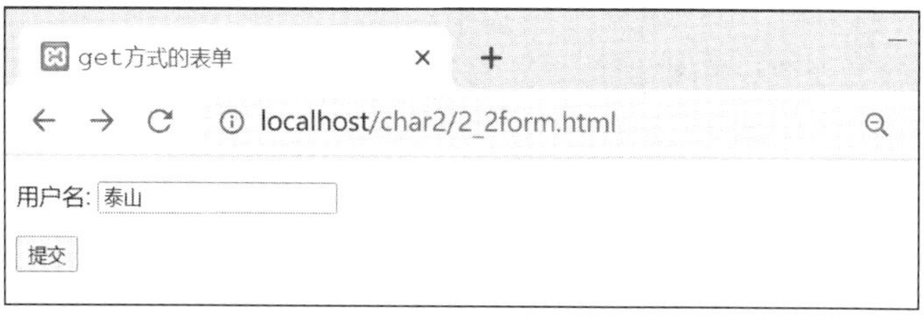

图 2-4　表单运行结果

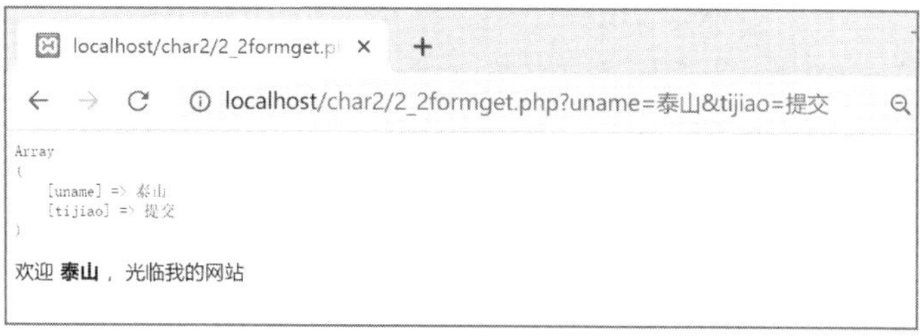

图 2-5　PHP 脚本输出了表单填写的数据

仔细观察图 2-5 的地址栏，会发现 get 方式传递表单数据参数时，参数名称和参数值会附在 URL 之后，以"?"号分隔，若有多个参数，则用"&"连接。在"http://localhost/char2/2_2formget.php?uname=泰山"中，问号"？"后面的变量 uname 称为 URL 参数。

表单以 get 方式发送的信息，会显示在浏览器的地址栏。用户可以直接在地址栏中修改 URL 参数的值，会发现修改后的值也会被传递到脚本中执行。因此，表单用 get 方式提交的数据，最终效果如同直接通过 URL 参数传递数据。这样传输安全性很低，而且受到 URL 长度的限制，传输内容很少，因此 get 方式通常用于获取信息。

通过上面的案例可以看出，要获取客户端用户的数据，可以使用表单作为数据采集的界面，然后使用 get 方式将数据传递到服务器端，再使用$_GET 读取数据。

2.1.4　认识 PHP 数据类型

用表单采集的各种数据，一般先要使用变量保存起来以供后续处理。作为一门编程语言，PHP 提供了丰富的数据类型，其中标量类型四种，复合类型两种，特殊类型两种。

PHP 数据类型与常量（微课）

1. 标量类型

1）string：字符串型，用单引号或双引号括起来的一串字符。例如，'hello'，"book"等。

2）integer：整型，用来表示整数，可以是正数或负数，有三种格式来指定不同进制的整数：十进制、十六进制（前缀为 0x）或八进制（前缀为 0）。例如，0xf3 表示十六进制数，035 表示八进制数。

3）float：浮点型，用来表示所有实数。浮点数可以是带小数部分的数字，或是指数形式。例如，12.6，1.2e-6。

4）boolean：布尔型，用来表示 true（真）和 false（假），通常用于判断。

2. 复合类型

1）array：数组类型，用来在一个变量中存储多个值。

2）object：对象类型，用来保存类的实例。PHP 支持面向对象编程。类 class 是面向对象程序设计的单元，类包含属性和方法的结构定义，一个类的实例称为对象。要创建一个对象，首先应该定义一个类，然后使用 new 关键字创建该类的一个对象。

3. 特殊类型

1）null（空）：表示一种状态，变量没有任何值，就用 null 表示。经常通过设置变量值为 null 来清空变量数据。在以下情况时，变量会得到 null：

① 直接将一个变量赋值为 null。

② 将一个变量销毁后再次使用该变量。

③ 直接使用一个不存在的变量。

2）resource（资源）：resource 类型可以是文件夹、一个文件、从数据库中得到的结果集等，操作这个变量，相当于操作这些资源。PHP 有一些特定的内置函数，例如，数据库函数，会返回 resource 类型的变量，代表外部资源数据库连接。

任务 2.2　认识 PHP 变量——实现一个简单计算器

【任务描述】输入两个数字，计算数字之和，然后输出结果。

【任务分析】根据任务功能描述，主要使用表单提供数据输入界面，然后使用 $_GET 获取表单传递的数据，计算并输出。实现思路：创建一个 PHP 文件，把表单和 PHP 脚本都放在这个文件中。通过该任务，主要学习 PHP 的变量及其运算。

■ 任务相关知识与实施

2.2.1　PHP 变量与赋值

PHP 变量（微课）

1. PHP 变量名

PHP 变量的命名规则：变量名以"$"开头，第一个字符必须是字母或者下划线，后跟字母、数字或者下划线，严格区分大小写。在定义变量名时，避免使用系统关键字，推荐使用驼峰式命名法①。

2. 变量的类型

由于 PHP 是一种弱类型语言，变量不需要事先声明就可以直接赋值使用。因此，变量的类型取决于其值的类型。例如，下面的程序分别定义了不同类型的变量。

```php
<?php
    $age=28;                    //$age 是整型变量
    $total=350.5;               //$total 是浮点型变量
    $name='john ';              //$name 是字符串类型变量
    $ismarried=true;            //$ismarried 是布尔型变量
    $house=NULL;                //$house 是空值变量
?>
```

────────────────

① 驼峰式命名法：是指混合使用大小写字母来构成变量和函数的名字。例如，要写一个 my name 的变量，采用驼峰式命名法可以写为 myName，即变量名中的逻辑断点用一个大写字母来标记，可以增加程序的可读性。

3. 变量的赋值

PHP 提供了两种变量赋值的方式：一种是传值赋值；另一种是引用赋值。

（1）传值赋值

变量默认总是传值赋值，将"="右边的值赋值给左边的变量。

```php
<?php
    $number=10;             //定义变量$number，并赋值为 10
    $result=$number;        //定义变量$result，并将$number 的值赋给$result
    $number=100;            //将$number 的值修改为 100
    echo '$number=',$number; //输出结果：$number=100
    echo '<br>';
    echo '$result=',$result; //输出结果：$result=10
?>
```

（2）引用赋值

在要赋值的变量前添加"&"符号，表示引用变量的地址赋给另一个变量。修改上述代码如下：

```php
<?php
    $number=10;             //定义变量$number，并赋值为 10
    $result=&$number;       //定义变量$result，并进行引用赋值
    $number=100;            //将$number 的值修改为 100
    echo '$number=',$number; //输出结果：$number=100
    echo '<br>';
    echo '$result=',$result; //输出结果：$result=100
?>
```

对比两者的运行结果，发现当变量$number 的值被修改为 100 时，变量$result 的值也随之变为 100。这是由于引用赋值的方式相当于给变量起了一个别名，当一个变量的值发生改变时，另一个变量也随之变化。

4. 销毁变量

对于不再使用的变量，可以使用 unset()函数将其销毁，以释放其占据的内存。

例 2-4 销毁变量。

```php
<?php
    $var1=NULL;
    $var2;
    $var3="school";
    unset($var3);
    var_dump($var1);       //直接输出 NULL
    var_dump($var2);       //先显示未定义，再输出 NULL
    var_dump($var3);       //先显示未定义，再输出 NULL
?>
```

运行结果如图 2-6 所示。可以看到，当变量销毁后，由于变量$var2 和$var3 不存在，因此系统给出了 Notice 报错，同时显示变量的值为 NULL。

PHP 常见的错误机制有以下几种：

1）Notice：报告通知类错误，脚本可能会产生错误，也可能在脚本正常运行。

2）Warning：报告运行时的警告类错误，脚本不会终止运行。

3）Fatal Error：报告导致脚本终止运行的致命错误。

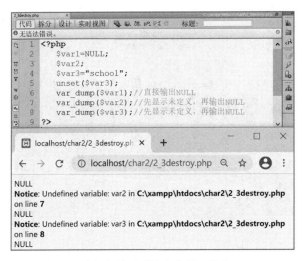

图 2-6　销毁变量后再输出变量，值为 NULL

2.2.2　PHP 字符串型数据及连接运算

1. 字符串型数据的表示

字符串型数据有以下三种定义方法。

1）单引号：单引号字符串中出现的变量不被解析，可以使用转义字符。

2）双引号：双引号字符串支持解析变量，为了便于识别，可以使用"{}"把变量包括起来，也可以使用转义字符"\""\n""\r""\t""\$"。

3）定界符：支持解析变量，也可以插入双引号和单引号。

在单引号和双引号字符串中，要是用一些特殊符号，则需要使用转义字符"\"对其进行转义。转义字符如表 2-1 所示。

表 2-1　转义字符

序列	含义
\n	换行（ASCII 字符集中的 LF 或 0x0A(10)）
\r	回车（ASCII 字符集中的 CR 或 0x0D(13)）
\t	水平制表符（ASCII 字符集中的 HT 或 0x09(9)）
\v	垂直制表符（ASCII 字符集中的 VT 或 0x0B(11)）
\e	Escape（ASCII 字符集中的 ESC 或 0x1B(27)）
\f	换页（ASCII 字符集中的 FF 或 0x0C(12)）
\\	反斜线
\$	美元标记
\"	双引号

例 2-5 单引号字符串与双引号字符串。

```php
<?php
  $number=100;
  echo '$number=',$number;    //单引号字符串中原样输出
  echo '<br>';
  echo "$number=",$number;    //在双引号字符串中被解析为100
?>
```

运行结果如图 2-7 所示。为了增加程序的可读性，当字符串中出现变量时，一般给变量名加上"{}"符号，以示区别。例如：

```php
<?php echo "The apple is {$color}"; ?>
```

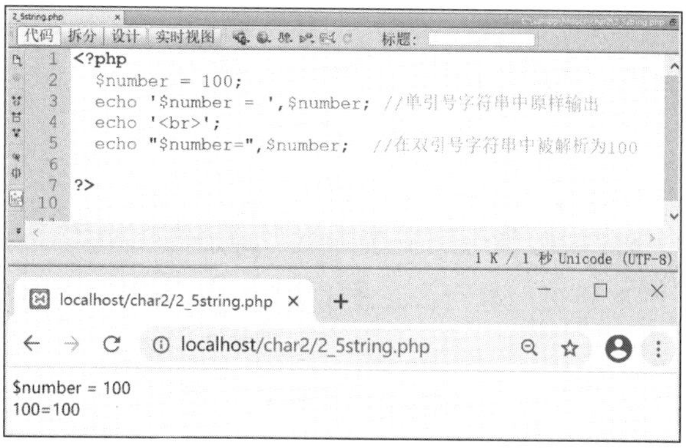

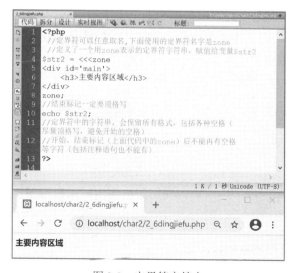

图 2-7　单引号和双引号字符串

例 2-6　定界符字符串。

```php
<?php
 //定界符可以任意取名，下面使用的定界符名字是 zone
 //定义了一个用 zone 表示的定界符字符串，赋值给变量$str2
$str2=<<<zone
<div id='main'>
    <h3>主要内容区域</h3>
</div>
zone;
//结束标记一定要顶格写
echo $str2;
?>
```

运行结果如图 2-8 所示。

图 2-8　定界符字符串

2. 字符串连接运算

字符串连接运算符就是一个英文句号 "."，可以把两个字符串连接起来生成一个新的字符串。

例 2-7 字符串连接运算符。

```php
<?php
$str1="是古都";
$city="西安";
echo $city . " " . $str1;
?>
```

该程序中使用了两次连接运算符，注意字符串中的空格符是有意义的。执行结果如图 2-9 所示。

图 2-9 字符串连接运算

3. 字符串操作及字符串常用函数

在数据处理时，有时需要读取字符串中的单个字符。通过在字符串之后用中括号"[]"指定字符的偏移量来访问。字符串中第一个字符的偏移量从 0 开始。

例 2-8 字符串操作。

```php
<?php
$str1="CHONGQING city";
echo $str1[0];              //读取字符串左边第一个字符
echo "<br>";
//常见的字符串操作函数
echo strtolower($str1);     //转换字符串为小写
echo "<br>";
echo strtoupper($str1);     //转换字符串为大写
echo "<br>";
echo strlen($str1);         //计算字符串长度
?>
```

该程序执行结果如图 2-10 所示。

图 2-10　读取字符串中指定字符及字符操作函数使用

2.2.3　实现一个简单计算器

1. 算术运算

PHP 提供的算术运算符如表 2-2 所示。

表 2-2　算术运算符

运算符	名称	用法	结果
－	取反	-$a	对$a 求反
＋	加法	$a + $b	$a 和$b 的和
－	减法	$a - $b	$a 和$b 的差
*	乘法	$a * $b	$a 和$b 的积
/	除法	$a / $b	$a 除以$b 的商
%	取余	$a % $b	$a 除以$b 的余数
++	自增	$a++	返回$a,然后将$a 的值加 1
		++$a	$a 的值加 1,然后返回$a
--	自减	$a--	返回$a,然后将$a 的值减 1
		--$a	$a 的值减 1,然后返回$a

例 2-9　算术运算。

```php
<?php
  echo "25%4=",25%4; //求余数
  echo "<br>";
  echo "25/4=",25/4; //求商
  echo "<br>";
  //自增运算
  $num=10;
  echo $num++;            //先输出$num 原来值,再执行$num+1,$num 的值变为 11
  echo "<br>";
```

```
    $num=10;
    echo ++$num;              //先执行$num+1，$num 的值变为 11，再输出$num 值
    echo "<br>";
?>
```

程序的执行结果如图 2-11 所示。

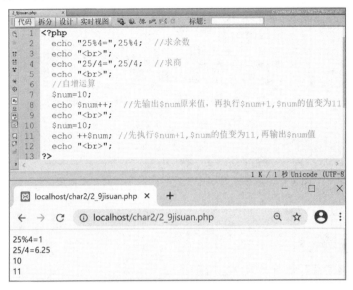

图 2-11　算术运算及自增运算

PHP 7+版本新增整除运算符 intdiv()，该函数返回值为第一个参数除以第二个参数的值并取整（向下取整）。例如，intdiv(14, 3)的值是 4。

例 2-10 简单计算器。

该例使用表单输入两个数字，通过脚本计算输出这两个数字之和。

新建文件 2_10jisuanqi.php，其内容如下：

```
<form method="get" action="2_10jisuanqi.php">
  <p>第一个数：<input type="number" name="num1" /> </p>
  <p>第二个数：<input type="number" name="num2" /> </p>
  <p><input type="submit" value="提交" name="tijiao"/></p>
</form>
```

结果是：

```
<?php
  echo $_GET["num1"]+$_GET["num2"];
?>
```

该程序全文如图 2-12 所示，PHP 脚本之外被认为是 HTML 环境，放置了一个表单，其中有两个数字文本框和一个"提交"按钮，表单提交后转到该程序自身，由 PHP 脚本对提交的数据计算后输出。

直接运行该程序，会出现如图 2-13 所示的错误。这是因为网页首次加载时，表单尚未提交，所以变量$_GET["num1"]和$_GET["num2"]不存在，从而导致运行报错。

可以这样运行：直接在浏览器地址栏中网页文件名的后面手动输入 URL 参数?num1=3&num2=5，如图 2-14 所示，直接传递两个参数给 PHP 程序，则运行正常。

这种情况只有在网页首次加载后出现，后面使用时，直接在表单中输入就可以正常求和。

图 2-12 算术运算及自增运算

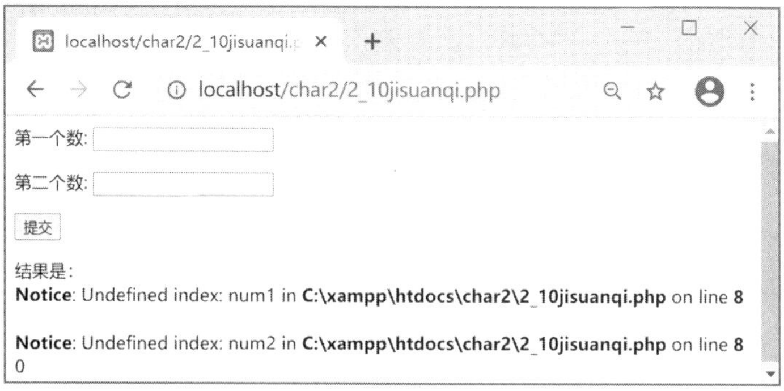

图 2-13 直接运行报错

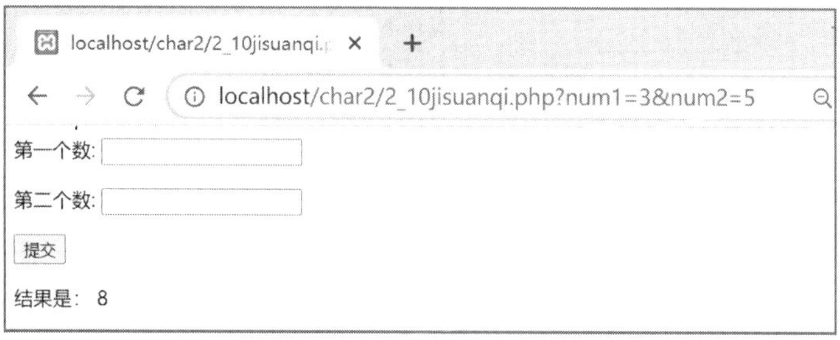

图 2-14 在地址栏中手动输入 URL 参数，运行正常

试一试：要想从根本上解决这个 bug，需要修改编程逻辑，把原来无条件的数据读取修改为，先判断变量是否存在，再决定是否执行数据读取与运算。这样 PHP 脚本部分就由原来的顺序结构程序变为选择结构程序。修改例 2-10 中 PHP 的脚本部分如下，其他部分保留不动：

```php
<?php
  if(isset($_GET["num1"]) && isset($_GET["num2"]) )
    echo $_GET["num1"]+$_GET["num2"];
?>
```

则问题解决。这里 isset()函数的功能是判断变量是否存在，相似的检测变量函数如表 2-3 所示。

表 2-3 常用变量检测函数

函数	说明
isset()	检测变量是否设置，并且不是 null 语法：bool isset (mixed $var [, mixed $...]) 说明：如果 var 存在并且值不是 null，则返回 true，否则返回 false
empty()	判断一个变量是否为空（字符串、数组、0、null） 语法：bool empty (mixed $var) 说明：当 var 存在，并且是一个非空非零的值时返回 false，否则返回 true 以下的值被认为是空的： ""（空字符串）、0（作为整数的 0）、0.0（作为浮点数的 0）、"0"（作为字符串的 0）、null、False、array()（一个空数组）、$var;（一个声明了但是没有值的变量）
is_null()	检测变量是否为 null 语法：bool is_null (mixed $var) 说明：仅当 var 是 null 或者未定义时返回 true，否则返回 false
其他函数	判断变量类型的系列函数：isarray()、isbool()、isfloat()、isinteger()、isnull()、isnumeric()、isobject()、isresource()、isstring()

2. 常用的算术运算函数

表 2-4 给出了 PHP 中常用的算术运算函数。灵活使用这些函数，有助于提高编程体验。

表 2-4 常用的算术运算函数

函数名	语法	说明
rand	rand([int min, int max])	返回一个介于 min 和 max 之间的随机整数
mt_rand	mt_rand ([int, int])	使用 Mersenne Twister 算法返回随机整数
abs	abs (mixe)	返回数字的绝对值
min	min(array) min(mixed, mixed [, ...])	返回最小值
max	max (array) max(mixed, mixed [, ...])	返回最大值
round	round (float [, int [, int]])	四舍五入
floor	floor (float)	舍去小数部分取整
ceil	ceil (float)	小数部分非零，返回整数部分就加 1
pow	pow(mixed, mixed)	返回 base 的 exp 次方的值
sqrt	sqrt (float)	返回平方根
exp	float exp(float arg)	返回 e 的 arg 幂次值，e 为自然对数的底数，值为 2.718282
pi	float pi (void)	返回圆周率的值

__例 2-11__ 计算圆的面积。

使用表单输入圆的半径，通过脚本计算输出圆的面积。新建一个名为 2_11area.php 的程序如下：

```
<form method="get" action="2_11area.php">
   <p>圆的半径: <input type="number" min="0" name="num1" required/></p>
   <p><input type="submit" value="提交" name="tijiao"/></p>
</form>
<?php
```

```
        echo "圆的面积:".$_GET["num1"]*$_GET["num1"]*pi();
    ?>
```

程序运行时，输入圆的半径 3，计算结果如图 2-15 所示。

图 2-15　计算圆的面积

2.2.4　数据类型转换与比较

在 PHP 中对两个变量进行操作时，若其数据类型不同，可以根据需要对其进行数据类型转换。PHP 支持自动转换数据类型和强制转换。

1. 自动类型转换

程序根据需要自动在不同类型之间进行转换。常见的布尔型、整型、浮点型、字符串型之间的转换规则如下：

1）其他类型转换为布尔类型时，整型 0、浮点型 0.0、空字符串以及字符串"0"都会被转为 false。

2）布尔型转换为整型时，布尔值 true 转换成整数 1，布尔值 false 转换成整数 0；布尔型转换成字符串时，布尔值 true 转换成字符串"1"，布尔值 false 转换成空字符串。

3）浮点型转换为整型时，将向下取整。

4）字符串型转换为整型时，若字符串以数字开始，则使用该数值，否则转换为 0。

5）整型或浮点型转换成字符串型时，直接将数字转换成字符串形式。

2. 强制类型转换

在编写程序时手动转换数据类型，有以下三种途径能实现强制转换：

1）在要转换的数据或变量之前加上"（目标类型）"即可。

2）使用通用类型转换函数 settype()。

3）使用具体类型的转换函数 intval()、floatval()、strval()。

例 2-12　类型转换。

下面的程序给出了自动转换、强制转换的示例及结果。

```php
<?php
    $num=34.5;
    $str="8hello";
    echo $num.$str;            //自动转换，$num 转换为字符串型，结果：34.58hello
    echo "<br>";
    var_dump ((bool)-5.9);     //将浮点型强转为布尔型，结果：bool (true)
    echo '<br>';
    var_dump ((int) 'hello');  //将字符串型强转为整型，结果：int(0)
    echo '<br>';
    var_dump ((float) false);  //将布尔型强转为浮点型，结果:float(0)
    echo '<br>';
    var_dump ((string) 12);    //将整型强转为字符串型，结果:string(2) "12"
    echo '<br>';
    $num4=12.8;
    $flg=settype($num4,"int"); //使用 settype 函数转换
    var_dump($flg);            //输出 bool(true)
    echo '<br>';
    $str="123.9abc";
    $int=intval($str);         //使用 intval 函数转换为整数：123
    var_dump($int);
    $float=floatval($str);     //使用 floatval 函数转为浮点数：123.9
    var_dump($float);
    $str=strval($float);       //使用 strval 函数转换字符串："123.9"
    var_dump($str);
?>
```

2.2.5 变量的作用域

作用域是指在一个脚本中某个变量可以使用或可见的范围。PHP 具有六项基本的作用域规则。

1）内置超级全局变量可以在脚本的任何地方使用和可见。

2）常量一旦被声明，在全局可见，也可以在函数内外使用。

3）在一个脚本中声明的全局变量在整个脚本中是可见的，但不是在函数内部。

4）函数内部使用的变量声明为全局变量时，其名称要与全局变量名称一致。

5）在函数内部创建并被声明为静态的变量无法在函数外部可见，但是可以在函数的多次执行过程中保持该值。

6）在函数内部创建的变量对函数来说是本地的，而当函数终止时，该变量也就不存在了。

$_GET 和$_POST 数组以及一些其他特殊变量都具有各自的作用域规则，这些被称为超级全局变量。它们可以在任何地方使用和可见，包括内部和外部函数。超级全局变量有如下几种。

$GLOBALS：所有全局变量数组。

$_SERVER：服务器环境变量数组。

$_GET：通过 get 方式传递给该脚本的变量数组。

$_POST：通过 post 方式传递给该脚本的变量数组。

$_COOKIE：cookie 变量数组。

$_FILES：与文件上传相关的数组。

$_ENV：环境变量数组。

$_REQUEST：所有用户输入的变量数组，包括$_GET、$_POST 和$_COOKIE 所包含的输入内容。

$_SESSION：会话变量数组。

任务 2.3　PHP 常量——查看服务器版本号

【任务描述】编写 PHP 文件，查看服务器信息。

【任务分析】PHP 的服务器信息被保存在系统预先定义的常量里，需要使用时，直接使用这些常量就可以获取相关信息。通过该任务，主要认识 PHP 的系统常量，同时学习 PHP 用户常量的定义和使用方法。

■ **任务相关知识与实施**

常量，就是在脚本运行过程中值始终不变的量。常量不能被修改或重新定义。PHP 中包含了两种常量：用户自定义常量和系统预定义常量。

2.3.1　用户自定义常量

常量名由英文字母、下划线和数字组成，但数字不能作为首字母出现，常量名不需要加 $ 修饰符。常量的作用范围是全局，在整个脚本中都可以使用。

使用 define()函数定义常量，其语法如下：

```
bool define(string $name,mixed $value[,bool $case_insensitive = false ] )
```

该函数有三个参数。

name：必选参数，常量名称，即标志符。

value：必选参数，常量的值。

case_insensitive：可选参数，如果设置为 true，则该常量对大小写不敏感，默认是大小写敏感的。使用 define 关键字定义常量，常量命名一般要全部大写。

例 2-13 定义常量。

该程序中定义了常量 PAI 和 R。

```php
<?php
    define('PAI','3.14');
    define('R','5',true);
//第三个参数用于指定常量名是否对大小写敏感，R 与 r 表示同一个常量
    echo '圆周率=',PAI;      //输出结果：圆周率=3.14
    echo '半径=',R;          //输出结果：半径=5
    echo '半径=',r;          //输出结果：半径=5
?>
```

该程序的运行结果如图 2-16 所示。

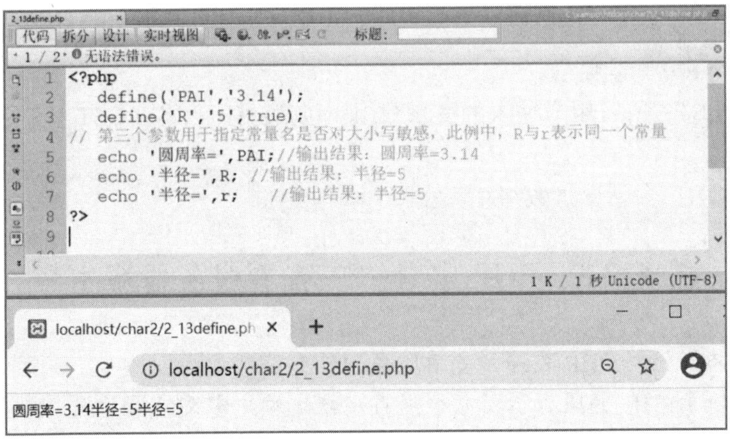

图 2-16 用户自定义常量

2.3.2 系统预定义常量

PHP 为保证脚本程序的正常运行，预定义了许多系统常量，用户可以直接使用。常用的系统预定义常量如表 2-5 所示。

表 2-5 常用的系统预定义常量

常量名	功能描述
__FILE__	PHP 程序文件名
__LINE__	PHP 程序中的当前行号
PHP_VERSION	PHP 程序的版本，如 "7.1.4"
PHP_OS	执行 PHP 解析器的操作系统名称，如 WINNT
E_ERROR	该常量表示错误级别为致命错误
E_WARNING	该常量表示错误级别为警告
E_PARSE	该常量表示错误级别为语法解析错误
E_NOTICE	该常量表示错误级别为通知提醒

例 2-14 查看服务器版本号。

```php
<?php
  echo "PHP 版本号：";
  echo PHP_VERSION;           //输出当前 PHP 版本号
  echo '<br>';
  echo "PHP 使用的操作系统";    //输出当前使用的操作系统
  echo PHP_OS;
?>
```

读者可以运行此程序，查看运行结果。

任务 2.4 $_GET 与 $_POST

【任务描述】编程获取用户输入用户名和密码，提交后，查看所输入的信息。

【任务分析】根据功能描述，编写两个文件：一是输入界面文件，可以是一个静态网页，主要使用表单提供数据输入；二是处理表单数据的 PHP 文件，主要实现用 $_POST 获取表单传递的数据并输出。通过该任务，深入了解 $_GET 与 $_POST 的不同。

■ **任务相关知识与实施**

经过前面学习已经知道，使用 get 方式提交的表单数据会在浏览器地址栏看到。如果用户输入的是密码这样的敏感数据，显然 get 方式不能满足要求。这时，表单数据需要通过 post 方式提交。

1. 表单的 post 数据提交方式

使用表单时，设置表单的 method="post"，表示表单数据以 post 方式提交到服务器端。

<u>**例 2-15**</u> 使用 post 方式提交数据的表单。

新建一个名为 2_15form.html 文件，文件内容如图 2-17 所示，代码如下。

```html
<!DOCTYPE html>
<html>
 <head>
     <meta charset="UTF-8">
     <title>post 方式的表单</title>
 </head>
 <body>
  <form method="post" action="2_15formpost.php">
  <p>用户名: <input type="text" name="uname" required/> </p>
  <p>密码: <input type="password " name="upwd" required/> </p>
  <p><input type="submit" value="提交" name="tijiao"/></p>
  </form>
 </body>
</html>
```

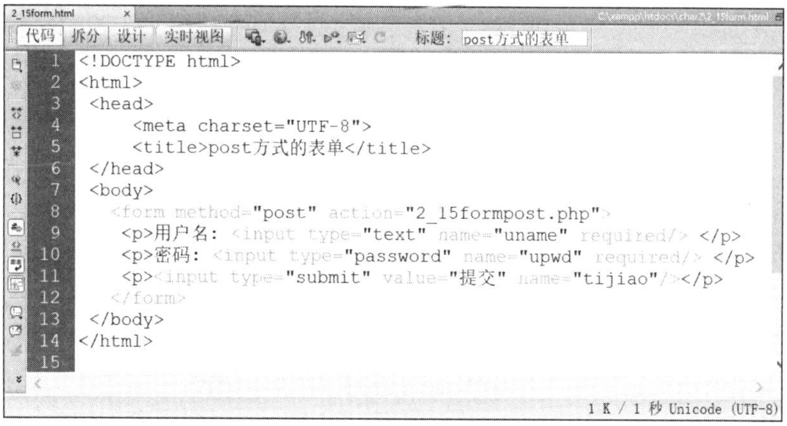

图 2-17 post 方式提交数据的表单

从源代码看出，该表单的数据提交到服务器端后，交由 2_15formpost.php 脚本处理。

2. 用 $_POST 获取表单数据

当表单数据以 post 方式提交到服务器端后，PHP 脚本文件如何获取传递过来的表单数据呢？可以通过 PHP 提供的一个预定义的超级全局变量 $_POST 来获取数据。

新建一个名为 2_15formpost.php 的 PHP 文件，文件内容如图 2-18 所示。

```php
<?php
echo "<pre>";                       // 输出 html 标签，预格式化文本
print_r($_POST);                    // 输出全局变量$_POST
echo "</pre>";
$username=$_POST["uname"];          //用$_POST 获取表单中 uname 文本框的值
$userpwd=$_POST["upwd"];            //用$_POST 获取表单中 upwd 文本框的值
echo "用户名:{$username}  <br/>";   //输出变量
echo "密码:{$userpwd} ";            //输出变量
?>
```

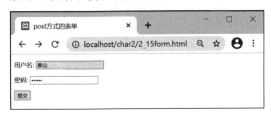

图 2-18   用$_POST 获取表单数据

运行该程序时，先运行表单，如图 2-19 所示。填写好用户名和密码后，提交跳转到图 2-20，首先看到地址栏中并没有出现表单传递过来的数据。这说明使用 post 方式传递数据时，数据不会在浏览器地址栏中出现，因此相比较于 get 方式，post 方式安全性高一些。

图 2-19   运行表单效果   图 2-20   用$_POST 获取表单数据

从如图 2-20 所示的输出结果看，$_POST 是一个数组。就这个程序而言，表单传递给服务器的数据有三个：第一个是名为 uname 的文本框；第二个是名为 upwd 的密码框；第三个是名为 tijiao 的 submit 按钮。

3. PHP 的数据获取方式及比较

PHP 与 Web 页面交互是实现 PHP 网站与用户交互的重要手段，其中表单是一个非常重要的工具。用 PHP 脚本获取表单数据时，总共可以使用三个超级全局变量数组：$_GET、$_POST 和$_REQUEST。

$_GET：当表单数据以 get 方式提交时，使用该方式。例如，$_GET["uname"]。

$_POST：当数据以 post 方式提交时，使用该方式。例如，$_POST["uname"]。

$_REQUEST：无论表单数据以 get 方式提交还是以 post 方式提交，都可以使用。例如，$_ERQUESTT["uname"]。

用 get 方法发送的信息，所有的变量名和值都会显示在 URL 中，因此在发送密码或其他敏感信息时，不应该使用这个方法。然而，正因为变量显示在 URL 中，所以在某些情况下，这个方法是很有用的。get 方式不适合传递大量数据，传输字节数有限制。

使用 post 方式发送的信息，不会显示在浏览器的地址栏，并且对发送信息的量也没有限制。在默认情况下，使用 post 方式发送信息的量最大值为 8MB，可通过设置 php.ini 文件中的 post_max_size 进行更改。

任务 2.5　使用数组存储多个数据

【任务描述】 存储多名学生的成绩，实现当输入学生名字时，显示学生成绩。

【任务分析】 根据功能描述，需要解决的问题及编程思路如下：

1）每个学生需要存储学号和成绩这两项数据，当有多名学生时，这些数据如何保存？可以使用数组存储。数组中每个元素的键表示学生姓名，每个元素的值表示学生成绩。

PHP 数组（微课）

2）使用表单接受用户输入的学生姓名，提交后，在数组中查找对应键的元素值输出，就是该学生姓名对应的成绩。

■ **任务相关知识与实施**

数组是 PHP 中的一种数据类型，其特点是能够在单个变量中存储多个值。一个数组中包含多个数组元素，每个数组元素相当于一个变量，元素之间相互独立。同一数组的不同元素之间用键来区分。键名可以是数字，也可以是字符。在 PHP 中，数组可以分为索引数组、关联数组和多维数组。下面分别进行介绍。

2.5.1　索引数组

索引数组是指键名为整数的数组。在默认情况下，索引数组的键名从 0 开始，并以此递增。它主要利用位置标识数组元素。

1. 创建索引数组

PHP 提供了两种创建索引数组的方式，分别为 array()函数和直接赋值。

例 2-16 创建索引数组。

```php
<?php
//使用 array()创建 fruits
 $fruits=array('apple','grape','pear');   //省略键名
 echo $fruits[0],$fruits[1],$fruits[2];
//直接赋值创建数组 arr
 $arr[]=123;                //存储结果: $arr[0]=123
 $arr[]='hello';            //存储结果: $arr[1]='hello'
 $arr[]='Java';             //存储结果: $arr[2]='Java'
 print_r($arr);
 ?>
```

该例中的数组，在省略键名的设置时，默认以整数作为键名，从 0 开始，依次递增

加 1，因此，该数组元素的键名依次为 "0、1、2"。运行结果如图 2-21 所示。

图 2-21　创建索引数组

2. 使用索引数组

输出数组时，可以使用数组名，整体输出，如 print_r($arr);，也可以输出数组的每个元素，如$fruits[2]。当数组元素比较多时，常常配合循环机构遍历数组。要修改数组元素值时，可用下标修改元素值，如$arr[2]='PHP';。

3. 数组应用案例——存储表单数据

在 Web 开发中，通常使用复选框来收集用户输入的多个数据，这些数据在服务器端可以用数组存储。

例 2-17 用数组存储表单数据。

新建一个名为 2_17array2.php 的 PHP 文件，其内容如下：

选择您喜欢的水果：

```
<form method="get" action="2_17array2.php">
 Apples: <input type="checkbox" name="fruits[]" value="apple" /> <br/>
 Grape: <input type="checkbox" name="fruits[]" value="grape" /> <br/>
 Pear: <input type="checkbox" name="fruits[]" value="pear" /> <br/>
 <p><input type="submit" value="提交" name="tijiao"/></p>
</form>
<?php
if(isset($_GET["fruits"])){         //判断用户选了水果
 $fruits=$_GET["fruits"];          //读取表单数据
 print_r($fruits);
}
?>
```

注意复选框的 name 属性值。文件的创建及运行如图 2-22 所示，存储在数组 fruits 的值跟随用户在网页上的不同选择而变化。

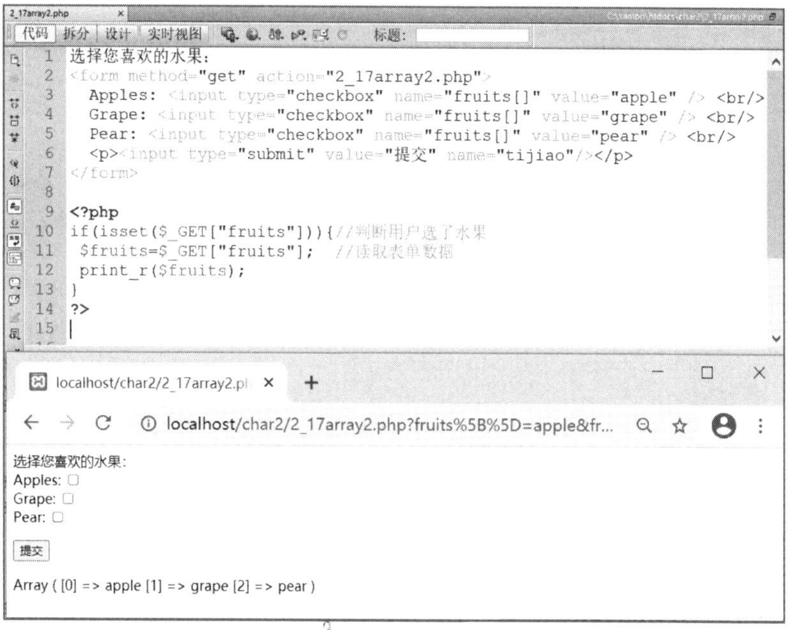

图 2-22　创建索引数组

2.5.2　关联数组——按名字查询学生成绩

带有指定键名的数组叫作关联数组。在通常情况下，关联数组元素的"键"和"值"之间有一定的业务逻辑关系。因此，通常使用关联数组存储一系列具有逻辑关系的变量。

关联数组（微课）

1. 关联数组的表示形式

关联数组的"键"和"值"的表示形式是："键"=>"值"，例如，

```
$info=array('name'=>'andy','age'=>18,'gender'=>'male');
```

在定义关联数组时，"值"可以是任意类型数据，而"键"则有明确的数据类型要求，键只能是整型或字符串型的数据，若是其他类型，则会执行类型自动转换；若数组中存在相同键名的元素时，后面的元素会覆盖前面的元素值。

2. 创建关联数组

创建关联数组有以下两种方法。

方法一：用 array 创建，需指定键名，例如，

```
$age=array("Bill"=>35,"Steve"=>37,"Elon"=>43);
```

方法二：直接赋值创建，需指定键名，例如，

```
$age['Bill']=35;
$age['Steven']=37;
$age['Elon']=43;
```

例 2-18　创建关联数组并输出。

创建数组 bookinfo，其中元素键名用指定的字符串表示。代码如下：

```
<?php
$bookinfo=array('bookname'=>'PHP 程序设计','author'=>'李丽','price'
=>36,'pubhouse'=>'XX 出版社');
```

```
print_r($bookinfo);                    //输出数组
echo '<br>数组元素的值为: '. '<br>';
echo $bookinfo["bookname"].'<br>';       //访问数组元素
echo $bookinfo["author"].'<br>';
echo $bookinfo["price"].'<br>';
echo $bookinfo["pubhouse"];
?>
```

该文件运行结果如图 2-23 所示。

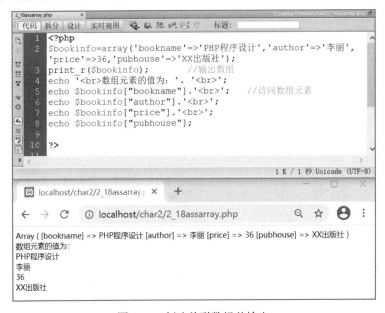

图 2-23　创建关联数组并输出

3. 数组应用——输入学生名字, 显示学生成绩

例 2-19 创建关联数组存储学生成绩, 实现当输入学生名字时, 显示学生成绩。

思路: 创建学生成绩数组, 键名是学生名字, 键值是学生成绩。获取输入的学生名字, 输出数组中对应的键值。制作一个网页 2_19score.php, 内容如下:

```php
<?php
$grades=array("Bill"=>85,"Steve"=>70,"Elon"=>90);
?>
<form method="get" action="2_19score.php">
 <p>学生姓名: <input type="text" name="student" /> </p>
 <p><input type="submit" value="提交" name="tijiao"/></p>
</form>
<?php
 echo $grades[$_GET["student"]]
?>
```

该程序使用 grades 数组存储三名学生成绩, 用表单填写学生名字, 提交后, 在数组中输出该学生名字对应的数组元素值。运行时, 输入 Bill, 结果如图 2-24 所示。可以在这个程序基础上修改, 存储更多的学生信息以供查询。

图 2-24　查看学生成绩

2.5.3　多维数组

一个数组中元素的值可以是另一个数组，另一个数组的值也可以是一个数组。依照这种方式，可以创建二维数组或者三维数组。二维以上的数组称为多维数组。

例 2-20　创建二维数组。

下面的程序创建了一个 students 数组，含有四个元素，每个元素的值是另一个数组，其中包含 sname 和 age。

```php
<?php
$students[]=array('sname'=>'lin lin','age'=>19);
$students[]=array('sname'=>'wang lin','age'=>20);
$students[]=array('sname'=>'zhang lin','age'=>19);
$students[]=array('sname'=>'liu lin','age'=>18);
echo "<pre>";
print_r($students);
echo "</pre>";
$count=count($students);
$count2=count($students,1);
echo "<p>本数组共有 {$count} 个元素。<br/>";
echo "<p>本数组共有 {$count2} 个元素。";
?>
```

创建的文件如图 2-25 所示，运行结果如图 2-26 所示。

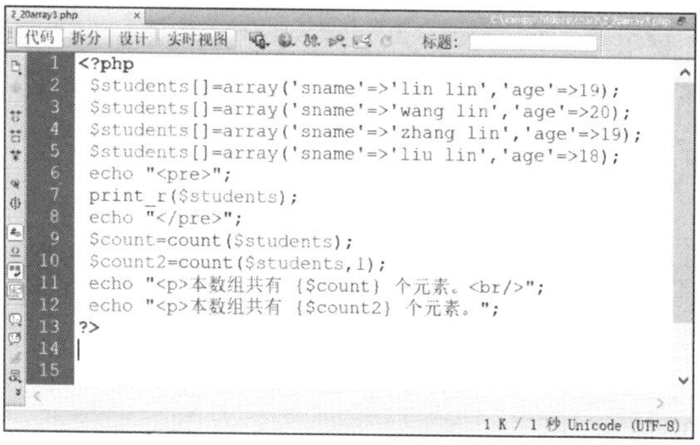

图 2-25　创建二维数组

图 2-26　查看二维数组

从本例的运行结果可以看出，$students 是一个二维数组。二维数组的逻辑结构可抽象为如表 2-6 所示的表格。

表 2-6　二维数组的逻辑结构

键	sname	age
0	lin lin	19
1	wang lin	20
2	zhang lin	19
3	liu lin	18

要使用二维数组中的元素，可以通过指定元素位置来访问。例如，echo $students[1]["name"]；读取的是键为 1、列名为 sname 的元素值：wang lin。

程序中用到 count()函数统计数组元素个数。

该函数语法格式如下：

```
int count(array $arr[,int mode])
```

函数功能：计算数组中元素的个数。如果数组 arr 是多维数组，可将 mode 参数的值设为常量 COUNT_RECURSIVE（或常数 1），计算数组 arr 中所有元素的个数；mode 的默认值是 0。

此例中，当 count 的 mode 参数为 0 时，students 数组的元素个数只统计行数，故而程序输出 4；当 mode 参数为 1 时，students 数组的元素个数统计表格中所有元素，故而程序输出 12。

看到这里，想必读者能明白，数组是能保存多个数据的内存变量。在编程时，可以通过数组把有一定逻辑关系的数据存储起来，以备程序使用。

任务 2.6　认识运算符与表达式

【任务描述】认识 PHP 中的运算符，并使用运算符操作数据。

【任务分析】当获取到数据后，根据业务需要，可以使用各种运算符构成表达式对数据进行处理。PHP 提供的运算符种类很多，在前面的章节中，已经接触到算术运算符和赋值运算符。本节主要学习其他常见的运算符。

■ 任务相关知识与实施

2.6.1　复合赋值运算符

把算术运算符（包括字符串连接运算符）和赋值运算符放在一起形成复合赋值运算符，如表 2-7 所示。

表 2-7　复合赋值运算符

运算符	用法	等同于	描述
+=	x += y	x = x + y	加
-=	x -= y	x = x - y	减
*=	x *= y	x = x * y	乘
/=	x /= y	x = x / y	除
%=	x %= y	x = x % y	模（除法的余数）
.=	a .= b	a = a . b	连接两个字符串

例 2-21　使用复合赋值运算符。

程序源代码如下：

```php
<?php
$y=20;
$y+=100;
echo $y;  // 输出 120
$z=50;
$z-=25;
echo $z;  // 输出 25
$i=5;
$i *=6;
echo $i;  // 输出 30
$j=10;
$j /=5;
echo $j;  // 输出 2
$k=15;
$k %=4;
echo $k;  // 输出 3
$x="Hello";
$x .=" world!";
echo $x;  // 输出 Hello world!
?>
```

2.6.2 关系运算符

关系运算符也叫比较运算符，用来比较两个值，比较的结果是布尔型，结果为真时返回 true，反之返回 false。关系运算符如表 2-8 所示。

表 2-8　关系运算符

运算符	名称	用法	描述	实例
==	等于	$a == $b	如果 x 等于 y，则返回 true	5==8 返回 false
===	绝对等于	$a === $b	如果 x 等于 y，且它们类型相同，则返回 true	5=="5"返回 false
!=	不等于	$a != $b	如果 x 不等于 y，则返回 true	5!=8 返回 true
<>	不等于	$a <> $b	如果 x 不等于 y，则返回 true	5<>8 返回 true
!==	绝对不等于	$a !== $b	如果 x 不等于 y，或它们类型不相同，则返回 true	5!=="5"返回 true
>	大于	$a> $b	如果 x 大于 y，则返回 true	5>8 返回 false
<	小于	$a < $b	如果 x 小于 y，则返回 true	5<8 返回 true
>=	大于等于	$a>= $b	如果 x 大于或者等于 y，则返回 true	5>=8 返回 false
<=	小于等于	$a <= $b	如果 x 小于或者等于 y，则返回 true	5<=8 返回 true

例 2-22 使用关系运算符。

程序源代码如下：

```php
<?php
$x=10;
$y="10";
var_dump($x==$y);
echo "<br>";
var_dump($x===$y);
echo "<br>";
var_dump($x !=$y);
echo "<br>";
var_dump($x !==$y);
echo "<br>";
$a=15;
$b=10;
var_dump($a>$b);
echo "<br>";
var_dump($a<$b);
?>
```

该程序文件如图 2-27 所示，运行结果如图 2-28 所示。

关系运算符"=="容易与赋值运算符"="混淆。即使出现混淆，程序也不会报错，但是会造成错误的结果。

假设有如下初始化：$a=5; $b=7;。

计算$a=$b 的值，结果是 7。

计算$a==$b 的值，结果是 false。

分析：因为表达式$a=$b 的值就是赋值以后左边的变量的值，这个值为 7。如果测试$a==$b，它的结果是 false，因为两边变量的值不相等，这样在编程中就遇到了非常难发现的逻辑错误。因此，在编程时应仔细检查这两个运算符的使用。

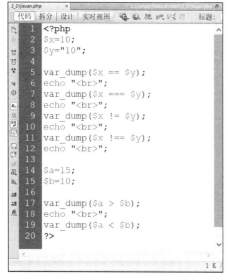

图 2-27　关系运算符使用案例

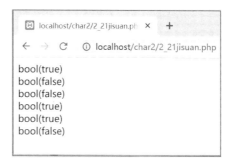

图 2-28　关系运算结果

2.6.3　逻辑运算符

逻辑运算符又叫布尔运算符，经常用来组合逻辑条件的结果。PHP 支持逻辑与（AND）、或（OR）、异或（XOR）以及逻辑非（NOT）的运算，如表 2-9 所示。

表 2-9　逻辑运算符

运算符	名称	用法	描述	实例
and	与	x and y	如果 x 和 y 都为 true，则返回 true	x=6，y=3
&&	与	x && y		(x<10 && y>1)返回 true
or	或	x or y	如果 x 和 y 至少有一个为 true，则返回 true	x=6，y=3
||	或	x || y		(x= =6 or y= =5)返回 true
!	非	! x	如果 x 不为 true，则返回 true	x=6，y=3 !(x= =y)返回 true
xor	异或	x xor y	如果 x 和 y 有且仅有一个为 true，则返回 true	x=6，y=3 (x= =6 xor y= =3)返回 false

逻辑运算的执行结果是逻辑值 true 或 false。逻辑运算符的操作数是布尔型数据，当其他类型数据参与逻辑运算时，会自动转换为布尔型数据 true 或者 false。在执行逻辑运算时，非 0 数字被认为是 true，数字 0 会被认为是 false。

例 2-23　使用关系运算符。

程序源代码如下，运行结果如图 2-29 所示。

```php
<?php
$a=5;
$b=0;
var_dump(!$a);
var_dump(!$b);
```

```
var_dump($a&&$b);
var_dump($a||$b);
var_dump($a xor$b);
?>
```

图 2-29 逻辑运算结果

2.6.4 其他运算符

1. PHP 数组运算符

PHP 数组运算符主要用于对数组变量进行操作。PHP 数组运算符如表 2-10 所示。

表 2-10 数组运算符

运算符	名称	用法	描述
+	集合	x + y	x 和 y 的集合
==	相等	x == y	如果 x 和 y 具有相同的键/值对，则返回 true
===	恒等	x === y	如果 x 和 y 具有相同的键/值对，且顺序相同类型相同，则返回 true
!=	不相等	x != y	如果 x 不等于 y，则返回 true
<>	不相等	x <> y	如果 x 不等于 y，则返回 true
!==	不恒等	x !== y	如果 x 不等于 y，则返回 true

例 2-24 使用数组运算符。

程序源代码如下，运行结果如图 2-30 所示。

```
<?php
$x=array("a"=>"red","b"=>"green");
$y=array("c"=>"blue","d"=>"yellow");
$z=$x+$y;          //$x 和$y 数组合并
var_dump($z);
echo "<br/>";
var_dump($x==$y);
var_dump($x===$y);
var_dump($x!=$y);
var_dump($x<>$y);
```

48

```
var_dump($x!==$y);
?>
```

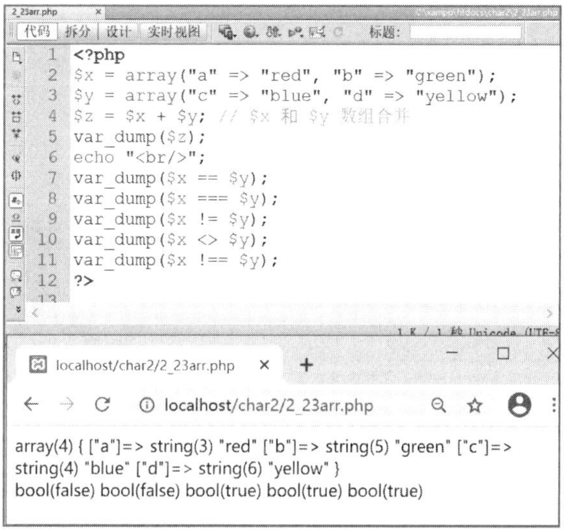

图 2-30　数组运算结果

2. 条件运算符

条件运算符的语法格式如下:

```
(expr1) ? (expr2) : (expr3)
```

功能:计算 expr1 结果为 true 时,表达式的值为 expr2;计算 expr1 结果为 false 时,表达式的值为 expr3。

例 2-25　条件运算符。

```
<?php
$score=85;
$result=($score>=60?'及格':'不及格');
echo $result;              //输出结果:及格
?>
```

3. 错误抑制运算符

当 PHP 表达式产生错误而又不想让错误提示信息显示在页面上时,可以使用错误抑制运算符"@"。将"@"运算符放置在 PHP 表达式之前,该表达式产生的任何错误信息将不会输出。例如:

```
$a=@(37/0);
```

如果没有@符号,这行代码运行时将产生一个 Warning。使用了@后,这个 Warning 会被抑制,不会在页面上产生输出。这样做有两个好处。

1)安全:避免错误信息外露,造成系统漏洞。

2)美观:避免浏览器页面出现错误信息,影响页面美观。

2.6.5　运算符优先级

PHP 中的运算符有严格的运算优先级。当有多个运算符构成复杂表达式时,只有搞清楚它们的优先级,才能正确计算出表达式的值。PHP 中运算符的优先级如表 2-11 所示。

表 2-11　PHP 运算符优先级

结合方向	运算符	说明
无	new	new
无	()	
无	[]	array()
无	!、~、++、--	逻辑运算符、位运算符、递增/递减运算符
从左到右	*、/、%	算数运算符
从左到右	+、-、.	算数运算符和字符串运算符
从左到右	<<、>>	位运算符
无	<、<=、>、>=	比较运算符
无	==、!=、===、!==	比较运算符
从左到右	&	位运算符和引用
从左到右	^	位运算符
从左到右	|	位运算符
从左到右	&&	逻辑运算符
从左到右	||	逻辑运算符
从左到右	?:	三目运算符
从右到左	=、+=、-=、*=、/=、.=、%=、&=、|=、^=、<<=、>>=	赋值运算符
从左到右	and	逻辑运算符
从左到右	xor	逻辑运算符
从左到右	or	逻辑运算符
从左到右	,	

当一个表达式中运算符比较多时，可以通过圆括号"（）"的配对来明确标明运算顺序，而非靠运算符优先级和结合性来决定，这样能够增加代码的可读性。

任务 2.7　PHP 系统函数

【任务描述】认识 PHP 提供的字符串处理函数、日期时间函数和数组操作函数，并使用相关函数操作数据。

【任务分析】在数据处理过程中，PHP 把一些常用的功能封装成函数，用于处理不同类型的数据，这就是 PHP 系统函数。根据函数的处理对象和功能，把函数分为字符串处理函数、日期时间函数、数组处理函数等。每个函数有函数名、函数参数和函数的返回值，本任务主要学习常用的字符串函数、日期时间函数和数组处理函数。

■ 任务相关知识与实施

2.7.1　字符串处理函数

PHP 函数库中内置了丰富的字符串处理函数，对于初学者来说，学习和灵活使用这些函数进行字符数据处理，可以起到事半功倍的效果。下面介绍常用的字符串处理函数。

1. 计算字符串长度：strlen()与 mb_strlen()函数

在 PHP 中，strlen()与 mb_strlen()是求字符串长度的函数。这两个函数的区别在于处理中文字符串时不同。

（1）strlen()函数

函数语法：strlen(string $str);

函数功能：返回字符串$str 所占的字节数。对于 GB2312 编码的中文，strlen()函数得到的值是汉字个数的两倍；而对于 UTF-8 编码的中文，就是三倍，因为在 UTF-8 编码下，一个汉字占三个字节。

（2）mb_strlen()函数

mb_strlen()函数可以通过设置字符编码从而返回对应的字符数。

函数语法：strlen(string $str [, string $encoding]);

参数说明：encoding()用于设置字符编码。

函数功能：返回在$encoding 编码下$str 的字符个数。

例 2-26　strlen()与 mb_strlen()函数的使用。

新建一个 PHP 文件，文件的编码默认是 UTF-8，源代码如下：

```php
<?php
$str='abcdef';
echo strlen($str).",".mb_strlen($str);      //输出结果：6
$str='中华人民共和国';
//该文件使用 UTF-8 编码，一个汉字占 3 个字节
echo ",字节长度是".strlen($str);             //输出结果:21
echo ",  UTF8 下字符长度是 ".mb_strlen($str,'utf-8');  //结果：7
?>
```

程序运行结果如图 2-31 所示。

图 2-31　strlen()与 mb_strlen()函数

2. 字符串的整理：rtrim ()、ltrim()和 trim()函数

获取用户输入的数据时，有时需要删除用户多输入的空格，可以使用 PHP 中提供的 rtrim()、ltrim()和 trim()三个函数实现。

（1）rtrim()函数

函数语法：string rtrim(string $str[,string $charlist]);

函数功能：用于去除字符串尾部的空格。如果指定了第二个参数，则去除字符串尾部中的由第二个参数指定的字符。

（2）ltrim()函数

函数语法：string ltrim(string $str[,string $charlist]);

函数功能：用于去除字符串首部的空格。如果指定了第二个参数，则去除字符串尾部中的由第二个参数指定的字符。

（3）trim()函数

函数语法：string trim(string $str[,string $charlist]);

函数功能：用于去除字符串首部和尾部的空格，并返回去掉空格后的字符串。如果指定了第二个参数，则去除字符串首部和尾部的由第二个参数指定的字符。

这三个函数中，如果不指定第二个参数，去除的空格等特殊字符有如下这些：空格符（chr(32)），Tab 制表符\t（chr(9)），换行符\n（chr(10)），回车符\r（chr(13)），NULL\0（chr(0)），垂直制表符\x0b（chr(11)）。

3. 字符串的大小写转换：strtoupper()和 strtolower()函数

（1）strtoupper()函数

函数语法：string strtoupper(string $str);

函数功能：将字符串 str 中的字母全部转换为大写。

（2）strtolower()函数

函数语法：string strtolower(string $str);

函数功能：将字符串 str 中的字母全部转换为小写。

4. 字符串比较：strcmp()函数

语法格式：int strcmp(string $str1, string $str2);

函数功能：按区分大小写的方式比较字符串 str1 和字符串 str2，如果相等，则返回 0；如果参数 str1 大于参数 str2，则返回值 1；如果参数 str1 小于参数 str2，则返回值-1。

例 2-27 下面的代码中如果 str1 小于 str2，返回<0；如果 str1 大于 str2，返回>0；如果两者相等，返回 0。

代码如下：

```php
<?php
$str1="hello world";
$str2="HELLO WORLD";
$str3="hello world";
echo strcmp($str1,$str2).'<br>';      //输出 1
echo strcmp($str2,$str1).'<br>';      //输出-1
echo strcmp($str1,$str3).'<br>';      //输出 0
?>
```

5. 查找字符串：strstr()和 stristr()函数

strstr()函数语法：string strstr(string $str,string $substr);

函数功能：在字符串 str 中取出从 substr 字符串开始的剩余子串。若 str 字符串中没有 substr 子串，则返回 false。该函数区分大小写。该函数还有一个同名的函数 strchr()。

stristr()函数与 strstr()函数用法相同，区别之处在于 stristr()函数在查找时不区分大小写。

例 2-28 从字符串中提取子字符串。

```php
<?php
echo strstr("abcdefg","e");          //输出结果：efg
echo strstr("abcdefg","E");          //没有找到，返回 false，所以没有输出
echo strstr("admin@163.com","@163"); //输出结果：@163.com
echo stristr("abcdefg","E");         //输出结果：efg
?>
```

6. 字符串替换：str_replace()

函数语法：mixed str_replace(mixed $find, mixed $replace, mixed $str);

函数功能：以区分大小写的方式将字符串 str 中的 find 字符串替换成 replace 字符串。

例 2-29 把字符串"Hello world!"中的"world"用字符串"BeiJing"代替。

```php
<?php
$str1="Hello world!";
echo str_replace("world","BeiJing",$str1);   //输出结果:Hello BeiJing!
?>
```

PHP 还提供了一个 str_ireplace()函数，其功能与 str_replace()函数相同，只是 str_ireplace()函数在替换时不区分大小写。

7. 字符串截取：substr()

函数语法：string substr(string $str,int $start[,int $length]);

函数功能：取得$str 字符串中从 start 开始的 length 长度的子字符串。如果参数 length 缺省，则取到 str 的最后一个字符。

该函数的参数说明如下。

str：指定字符对象。

start：指定开始截取字符串的位置，如果参数 start<0，则从字符串的末尾开始截取，那么它是从 1 开始进行计数的。

length：可选参数，指定截取字符的个数，如果 length<0，则截取到$str 字符串倒数第 length 个字符为止。

> **注意** 本函数中参数 start 的指定位置是从 0 开始计算的，即字符串中的第一个字符表示为 0。

例 2-30 字符串截取。

```php
<?php
$str="abcdefgh";
echo substr($str,1,3);       //输出结果：bcd
echo substr($str,6);         //输出结果：gh
echo substr($str,-2,4);      //输出结果：gh
echo substr($str,1,-3);      //输出结果：bcde
?>
```

8. 字符串的分割与连接：explode()和 implode()函数

要将一个字符串分割成多个子字符串，使用数组是一种常用方法，每一个被分割出来的子字符串以数组元素的形式保存。

（1）分割函数 explode()

函数语法：array explode(string $separator,string $str[,int $limit]);

函数功能：按照指定的规则对一个字符串进行分割，返回值为数组。

该函数的参数说明如下。

separator：必要参数，指定的分割符。如果 separator 为空字符串，该函数将返回 false，如果 separator 所包含的值在 str 中找不到，那么 explode()函数将返回包含 str 单个元素的数组。

str：必要参数，指定将要进行分割的字符串。

limit：可选参数，如果设置了 limit 参数，则返回的数组最多包含 limit 个元素，而最后的元素将包含 string 的剩余部分。如果 limit 参数是负数，则返回除了最后的 limit 个元素外的所有元素。

（2）连接函数 implode()

函数语法：string implode(string $glue,array $arr);

函数功能：使用字符 glue 把数组 arr 中的各个元素连接成一个新字符串。implode()函数实现了与 explode()函数相反的功能。

例 2-31 字符串分割与字符串连接。

```php
<?php
$str="12/02/2020";
$str_arr=explode("/",$str);
print_r($str_arr);    //输出结果: Array ( [0]=>12  [1]=>02  [2]=>2020 )
$datestr=implode("-",$str_arr);
echo $datestr;        //输出结果: 12-02-2020
?>
```

2.7.2 日期和时间函数

PHP 提供了内置的日期和时间函数，用于解决在开发 Web 应用时涉及的日期和时间管理问题，如购买商品的订单时间等。下面介绍常见的日期和时间函数。

1. time()函数

函数语法：time();

函数功能：获取当前的 UNIX 时间戳，返回自 UNIX 纪元（January 1 1970 00:00:00 GMT）起到当前时间的秒数。

2. date()函数

函数语法：string date(string $format [, int $timestamp]);

函数功能：把时间戳格式化为可读性更好的日期和时间。将指定的时刻$timestamp（缺省时默认为当前时刻）按照格式字符串$format 指定的格式输出。

参数说明：format 规定时间戳的格式；timestamp 规定时间戳，默认是当前的日期和时间。format 的可用字符列表多，例如：d 代表月中的天（01~31），m 代表月（01~12），Y 代表年（四位数）。

3. mktime()函数

函数语法：mktime(hour,minute,second,month,day,year,is_dst);

函数功能：返回自 1970 年 1 月 1 日起到指定时间为止的总秒数。由于很多编程语言起源于 UNIX 系统，而 UNIX 系统认为 1970 年 1 月 1 日 0 点是时间纪元，因此常说的 UNIX 时间戳是以 1970 年 1 月 1 日 0 点为计时起点时间的。

4. strtotime()函数

函数语法：strtotime(time,now);

函数功能：将字符串转化成 UNIX 时间戳。

5. microtime()函数

函数语法：microtime(get_as_float);

函数功能：获取当前 UNIX 时间戳和微秒数。

例 2-32 日期时间函数应用。

```php
<?php
//获取到现在的秒数，格式化为日期形式输出
$t=time();
echo $t . "<br>";
echo date("Y-m-d",$t). "<br>";
//获取到 2020 年 1 月 1 日 0 时 0 分 0 秒的总秒数
echo mktime(0,0,0,1,1,2020). "<br>";
?>
```

2.7.3　数组操作函数

在操作数组过程中，经常会出现在数组中添加或者删除数组元素的情况。在此列举几个常用的数组操作函数。

1. array_sum()函数

函数语法：number array_sum(array);

函数功能：计算数组中所有元素值的总和。

2. array_product()函数

函数语法：number array_product (array);

函数功能：计算数组中所有元素值的乘积。

3. array_pop()函数

函数语法：array_pop(array);

函数功能：删除数组最后一个元素。

4. array_push()函数

函数语法：array_push(array,value1,value2...);

函数功能：在数组的尾部添加一个或多个元素。

5. array_search()函数

函数语法：array_search(value,array,strict);

函数功能：在数组中搜索某个键值，并返回对应的键名。

例 2-33 数组函数应用。

```php
<?php
$a=array("学习","工匠","精神");
```

```
print_r($a);
echo "<br>";
array_push($a,"严谨","细致");
print_r($a);
echo "<br>";
array_pop($a);
print_r($a);
echo "<hr>";
$b=array(10,20,30,15);
print_r($b); echo "<br>";
echo "数组中最大的元素是: ",max($b);
echo ",最大元素的键值是: ",array_search(max($b),$b);
?>
```

运行结果如图 2-32 所示。

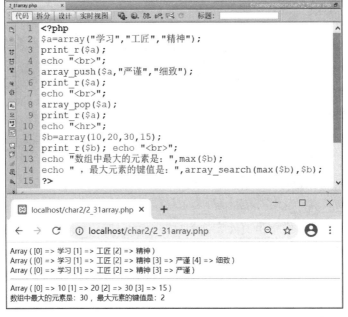

图 2-32　数组函数

项目总结

本项目按照脚本语言处理数据的一般过程，介绍了使用$\_GET 和$_POST 获取表单数据，使用 echo、var_dump 输出数据，使用变量、常量和数组存储数据，使用运算符和系统函数处理数据。通过几个简单实用的任务案例，让读者了解 PHP 语言的数据类型、变量、常量、数组、运算符、表达式、系统函数及其在解决实际问题中的使用方法。

这个项目所涉及的内容是 PHP 语言编程基础，在学习过程中要仔细分析，勤于动手实践，遇到问题可以查阅资料，进行探究式学习，培养严谨细致的观察能力和学习态度，为后续复杂任务的实现奠定坚实的基础。

项目测试

知识测试

一、选择题

1. 表单的 method 属性缺省时，默认的数据提交方法是（　　　）。

　　A. post　　　　　　　B. request　　　　　　C. get　　　　　　　　D. querystring

2. 以下（　　　）是获取 PHP 版本的常量。

　　A. __ FILE __　　　　B. __ LINE __　　　C. PHP_VERSION　　D. PHP_OS

3. 下面（　　　）可以检测变量是否设置。

　　A. is_Array()　　　　B. unset()　　　　　C. isset()　　　　　　D. empty()

4. 读取 post 方式传递的表单元素值的方法是（　　　）。

　　A. $_post["名称"]　　　　　　　　　　B. $_POST["名称"]

　　C. $post["名称"]　　　　　　　　　　　D. $POST["名称"]

5. 关于 PHP 中单引号和双引号包含字符串的区别，说法正确的是（　　　）。

　　A. 单引号字符串和双引号字符串执行速度一样

　　B. 双引号速度快，单引号速度慢

　　C. 单引号字符串里面可以解析变量

　　D. 双引号字符串里面可以解析变量

6. str_word_count() 函数对字符串中的单词进行计数，那么以下程序的输出结果是（　　　）。

```php
<?php
echo str_word_count("Hello world!");
?>
```

　　A. 2　　　　　　　　B. 12　　　　　　　C. 11　　　　　　　　D. 1

7. 下面程序的输出结果是（　　　）。

```php
<?php
$a='car';
$a[0]='b';
echo $a;
?>
```

　　A. car　　　　　　　B. cbr　　　　　　　C. bar　　　　　　　　D. cab

8. 下面程序的输出结果是（　　　）。

```php
<?php
$a='123b';
$b='12a';
var_dump($a<$b);
?>
```

　　A. bool(true)　　　　　　　　　　　B. bool(false)

9. 下面关于数组的说法正确的是（　　　）。

　　A. 数组的键必须是数字，并且从 "0" 开始

　　B．数组的键可以是字符串

　　C．数组中的元素类型必须一致

　　D．数组的键必须是连续的

10．下面程序的输出结果是（　　　　）。

```php
<?php $array=array('3'=>'a',1.1=>'b','c','d');
echo $array[1];
?>
```

　　A．1　　　　　　　　B．b　　　　　　　C．c　　　　　　　D．a

11．下面程序的输出结果是（　　　　）。

```php
<?php
$arr1=array(1902,"lili");
$arr2=$arr1;
var_dump($arr2= = =$arr1);
?>
```

　　A．bool(true)　　　　　　　　B．bool(false)

12．语句 var_dump (0= ="aa"); 的输出结果是（　　　　）。

```php
<?php
$x="";
var_dump(is_null($x));
?>
```

　　A．bool(true)　　　　　　　　B．bool(false)

13．下面程序的输出结果是（　　　　）。

```php
<?php
$num="10.75";
echo (int)$num;
var_dump((bool) $num);
?>
```

　　A．10 bool(true)　　　　　　　　B．11 bool(true)

　　C．10 bool(false)　　　　　　　　D．11 bool(false)

14．用于格式化日期的是（　　　　）。

　　A．time()　　　　　B．date()　　　　　C．mktime()　　　　　D．strtotime()

15．若 x，y 为整型数据，以下语句执行的$y 结果为（　　　　）。

```php
$x=1;
++$x;
$y=$x++;
```

　　A．1　　　　　　　　B．2　　　　　　　C．3　　　　　　　D．0

二、简答题

1．举例说明 PHP 中 empty()、is_null()和 isset()的不同。

2．对比说明 echo、var_dump()、print_r()的不同。

技能测试

1．分析下面的程序，根据程序中的注释，在空格处填空，每个空格只写一条语句，然后调试运行该程序，观察程序运行结果。

```html
<!doctype html>
<html>
<head>
<meta charset="utf-8">
<title>Mad Libs Game</title>
</head>
<body>
<form action="" method="get">
 颜色:<input type="text" name="color" required><br/>
 物品名称: <input type="text" name="noun" required><br/>
 公众人物: <input type="text" name="celebrity" required><br/>
 <input type="submit" name="try" value="点击试试" >
</form>
<?php
 if(isset($_GET["try"])){
   $color= _____(1)_____ ;          //获取表单中名为color的文本框的值
   $noun=_____(2)_____ ;            //获取表单中名为noun的文本框的值
   $celebrity= _____(3)_____ ;      //获取表单中名为celebrity的文本框的值
   echo "花儿是 $color"."<br/>";
   echo "$noun"."是蓝色<br/>";
   echo "我喜欢 $celebrity"."<br/>";
 }
?>
</body>
</html>
```

2. 编程：补全下面程序中 PHP 脚本内容，实现根据购买数量计算应付金额，网页效果如图 2-33 所示。填写购买数量后，单击"计算金额"按钮，输出应付金额。

提示：由于购买数量不同，折扣值不同，可以使用条件运算符计算折扣。例如，$discount=($shuliang >=2?0.9:1);。

图 2-33　购书界面

```
<!doctype html>
<html>
<head>
<meta charset="utf-8">
<title>计算金额</title>
</head>
<body>
<h3>全民读书月活动之荐书</h3>
<hr/>
<h3>《我将无我，不负人民》(图文版)</h3>
<img src="book.jpg"><br/>
单价：58 元<br/>
促销活动：满 2 件，总价打 9 折
<hr/>
<form action="" method="get">
   请输入购买数量:<input type="number" name="shuliang" min="1" step="1"
required><br/>
   <input type="submit" name="jisuan" value="计算金额" >
</form>
<?php
   //在这里补全程序，计算应付金额并输出
?>
</body>
</html>
```

学习效果评价

序号	评价内容	个人自评	同学互评	教师评价
1	能够使用 HTML 表单传递数据给服务器			
2	能够使用$_GET 和$_POST 获取客户端传递的数据			
3	能够选择合适的变量存储用户的数据			
4	能够正确使用运算符操作常量、变量			
5	能够编写 PHP 程序获取数据、处理数据并输出			
6	创新精神：自主学习，实验中有创新内容			
7	严谨治学：修改程序错误，使之正确运行			
8	信息搜索：利用网络学习资源辅助学习			

评价标准

A：能够独立完成，熟练掌握，灵活应用，有创新

B：能够独立完成

C：不能独立完成，但能在帮助下完成

项目综合评价：>6 个 A，认定优秀；4～6 个 A，认定良好；<4 个 A，认定及格

 项目 *3*

PHP 流程控制

知识目标 ☞	• 认识 PHP 中的 if 语句和 switch 语句。
	• 认识 PHP 中 while、do…while、for、foreach 语句。
	• 理解判断结构和循环结构程序的执行过程。
	• 掌握自定义函数的定义与调用方法,理解函数的调用过程。
技能目标 ☞	• 能够正确编写判断结构程序。
	• 能够正确编写循环结构程序。
	• 能够使用 PHP 流程控制解决实际问题。
	• 能够综合使用函数实现模块化编程。
思政目标 ☞	• 培养学生举一反三、温故知新的学习能力。
	• 培养学生认真对待程序中的错误,严谨细致、锲而不舍的精神。

流程控制用于决定脚本中语句的执行次序,分为顺序结构、选择结构和循环结构。顺序结构的程序按照脚本中语句出现的先后顺序,自上而下依次执行。本项目主要学习选择结构、循环结构和多模块程序设计。通过该项目的学习,让读者掌握使用 PHP 流程控制结构制作动态网页的方法,掌握使用 PHP 自定义函数实现模块化操作的方法,从而提高 PHP 编程效率。

任务 3.1 选择结构之 if 语句——求解闰年问题

【**任务描述**】编写程序,判断输入的年份是否为闰年,并且显示 2 月份的天数。

【**任务分析**】

1)使用 HTML 表单构建界面,让用户输入年份。

2)使用 PHP 脚本读取年份后进行条件判断,输出结果。

选择结构之 it 语句
(微课)

■ **任务相关知识与实施** ■

在日常生活中，经常需要根据不同的情况来判断要做的事情，这在程序设计当中就是条件判断，也叫选择结构。PHP 中提供的 if 语句和 switch 语句能够实现选择结构程序设计。if 语句也叫条件语句，用于根据不同条件判断执行不同动作。if 语句的语法格式如下：

```
if (<条件表达式>){
    <语句块 1>;
    }
[else {
    <语句块 2>;
    }]
```

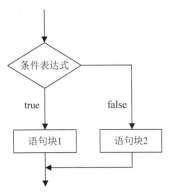

图 3-1　if 语句执行流程

功能：判断"<条件表达式>"的值，如果值为 true，则执行后面的"语句块 1"；如果值为 false，则执行"语句块 2"。if 语句执行流程如图 3-1 所示。根据条件的取值，在"语句块 1"和"语句块 2"两者之中选择一个执行，其中 else 子句可以省略，缺省时表示条件为 false 时，不做任何操作。当语句块中的语句是多条语句时，需要用大括号"{}"组成复合语句。

使用 if 语句可以实现单分支、双分支和多分支程序。

1. 单分支 if 语句

仅当指定条件成立时执行代码。

例 3-1 if 语句。

```
<?php
$a=2;
$b=6;
if (($a==2)&&($b==6)) {      //当 a 等于 2 并且 b 等于 6 时，执行语句
  $a+=1;
  $b+=1;
  }
echo $a;                  //输出：3
echo "<br>";
echo $b;                  //输出：7
?>
```

2. 双分支 if 语句

当条件成立时执行一块代码，当条件不成立时执行另一块代码。

例 3-2 if…else 语句。

```
<?php
$timenow=date('H');        //取系统当前时间，得到小时值：0--23
if($timenow<12)
 {
 echo "上午好！";
 }else
 {
 echo "下午好！";
```

```
    }
  ?>
```

运行结果如图 3-2 所示。如果当前时间小于 12，将输出 "上午好!"；否则输出 "下午好!"。

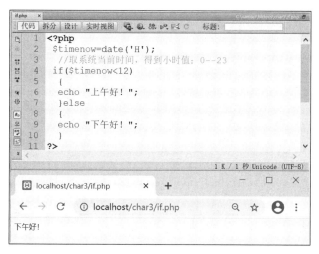

图 3-2　双分支程序及运行结果

3. 多分支 if 语句

多分支 if 语句即含有 else if 子句的 if 语句，用于从多个条件中选择一个条件对应的语句块执行。if…else if…else 语句的语法格式如下：

```
if (<条件表达式 1>){
    <语句块 1>;
  }
else if (<条件表达式 2>) {
    <语句块 2>;
  }
else if (<条件表达式 3>) {
    <语句块 3>;
  }
……
else {
    <语句块 n+1>;
  }
```

功能：如果"条件表达式 1"为真，则执行"语句块 1"；否则，如果"条件表达式 2"为真，则执行"语句块 2"；依次进行，如果都不满足，则执行 else 后面的语句。

例 3-3 根据学生百分制成绩，输出学生成绩等级。

源代码如下：

```
<?php
$score=95;  //学生成绩
//判断学生成绩在哪个分数段
if($score>=90 && $score<=100){
  echo "优+";
}else if($score>=80 && $score<=89){
```

```
      echo "优";
   }else if($score>=70 && $score<=79){
      echo "良";
   }else if($score>=60 && $score<=69){
      echo "中";
   }else{      //
      echo "差";
   }
   ?>
```

运行结果如图 3-3 所示。

图 3-3　多分支程序及运行结果

使用 if 语句实现多分支程序时，也可以使用 if 语句的嵌套，其用法与该例类似。

例 3-4 计算是否闰年。

编写程序，实现根据输入年份判断是否为闰年，并且显示 2 月的天数。闰年的判断条件是年份能被 4 整除而不能被 100 整除，或者年份能被 400 整除。根据前面的分析，编写如下程序。

```
<form action="" method="post" name="pdyear">
   请输入年份：
   <input name="year" size="12" type="number" min="0"
   value="<?php if(isset($_POST["year"]))echo $_POST["year"]?>"
   required="required" />
   <input name="OK" type="submit" value="判断" />
   </form>
<?php
   if(isset($_POST["OK"])){//判断是否单击了"提交"按钮
      $year=$_POST["year"];
      //判断是否闰年
      if (($year%4==0 && $year%100!=0) ||$year%400==0){
         echo $year."是闰年<br>";
         echo "2 月有 29 天";
```

```
            }else{
            echo $year."不是闰年<br>";
            echo "2月有28天";
            }
        }
    ?>
```

该程序中，在输入年份的数字框中给了初值：判断若表单已经提交过，把用户输入的年份值显示在数字框里。在脚本部分使用 if 嵌套判断是否闰年，运行结果如图 3-4 所示。

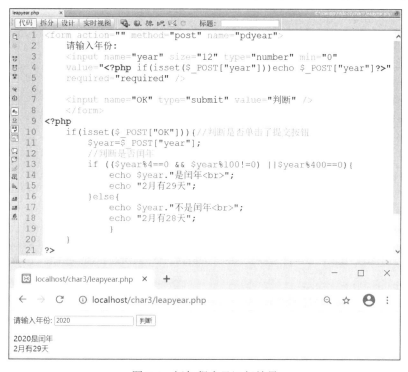

图 3-4 闰年程序及运行结果

任务 3.2 选择结构之 switch 语句——优化后的计算器

【任务描述】对前面编写的简单计算器程序进行优化，用户输入两个数，可以选择加、减、乘、除四种运算，并输出计算结果。

【任务分析】

1）使用 HTML 表单构建输入界面，使用两个数字框供用户输入数字，使用单选按钮组提供加、减、乘、除四种运算操作。

2）使用 PHP 获取用户填写的数字和用户选择的运算操作，根据不同的运算操作计算结果并输出。

选择结构之 switch
语句（微课）

■ 任务相关知识与实施

switch 语句用于根据多个不同条件执行不同动作，其语法格式如下：

```
switch（<表达式>）{
   case <值 1>:
      <语句块 1>;
      break;
   case <值 2>:
      <语句块 2>;
      break;
   ……
   default:
      <语句块 n>;
}
```

说明："<表达式>"值的类型必须是整型、浮点型或字符串。

功能：先计算表达式（通常是变量）的值，将表达式的值与结构中每个 case 后的值进行比较，如果存在匹配，则执行 case 对应的语句块。代码执行后，使用 break 退出 switch 语句，接着执行 switch 后面的语句。default 语句用于不存在匹配（即没有 case 为真）时执行。switch 语句执行流程如图 3-5 所示。

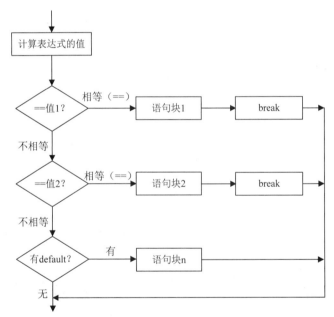

图 3-5 switch 语句执行流程

例 3-5 switch 语句。

```php
<?php
// 用 date('D') 函数计算今天是星期几
switch(date('D')){
   case "Mon":
      echo "今天星期一";   break;
   case "Tue":
      echo "今天星期二";   break;
   case "Wed":
      echo "今天星期三";   break;
   case "Thu":
```

```
        echo "今天星期四";    break;
    case "Fri":
        echo "今天星期五";    break;
    default:
        echo "今天休息";
}
?>
```

该程序的运行结果如图 3-6 所示。

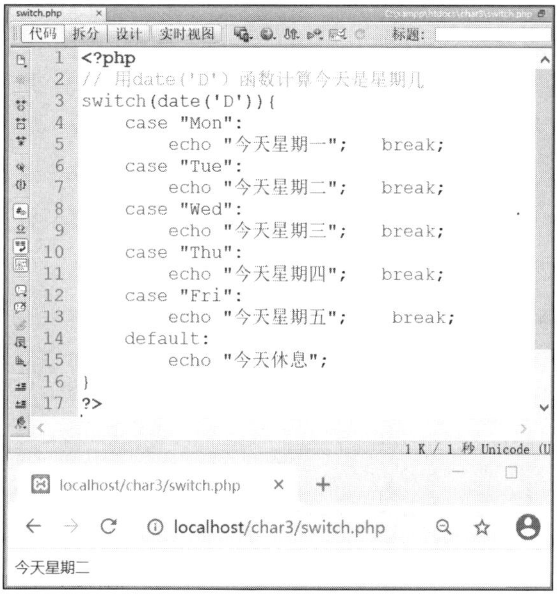

图 3-6 switch 语句执行流程

在使用 switch 语句时，break 语句的作用是退出当前 switch 语句。如果漏写 break，将会造成程序一直往下执行，直到遇到另一个 break 语句或者 switch 的结束语句，会造成程序逻辑错误。

__例 3-6__ 根据前面的分析，优化后的计算器程序的源代码如下：

```
<!doctype html>
<html>
<head>
<meta charset="utf-8">
<title>优化后的计算器</title>
</head>

<body>
<form action="jsq.php" method="post">
  第一个整数: <input type="number" name="num1" required><br>
  <input type="radio" name="caozuofu" value="+">+   
  <input type="radio" name="caozuofu" value="-">-   
  <input type="radio" name="caozuofu" value="*">*   
  <input type="radio" name="caozuofu" value="/">/   
  <br>
  第二个整数: <input type="number" name="num2" required><br>
```

```
    <input type="submit" value="计算" name="jisuan">
</form>
<?php
 if( isset($_POST["jisuan"])){          //判断表单已经提交
  $number1= $_POST["num1"];             //读操作数1
  $number2= $_POST["num2"];             //读操作数2
  $caozuofu= $_POST["caozuofu"];        //读操作符
  switch($caozuofu){    //根据操作符，进行相应计算
    case '+': {$result=$number1+$number2;
      echo $number1. $caozuofu. $number2.'='.$result;
      break;}
    case '-': {$result=$number1-$number2;
      echo $number1. $caozuofu. $number2.'='.$result;
      break;}
    case '*': {$result=$number1*$number2;
      echo $number1. $caozuofu. $number2.'='.$result;
      break;}
    case '/': {$result=$number1/$number2;
      echo $number1. $caozuofu. $number2.'='.$result;
      break;}
    default: echo "操作符错误！";
    }
   }
?>
</body>
</html>
```

运行结果如图 3-7 所示。

图 3-7 优化后的计算器

任务 3.3 循环结构——百钱百鸡问题

【任务描述】"百钱百鸡"是我国古代数学家张丘建在《算经》一书中提出的数学问题：鸡翁一值钱五，鸡母一值钱三，鸡雏三值钱一。百钱买百鸡，问鸡翁、鸡母、鸡雏各几何？

循环结构（微课）

【任务分析】根据问题中的约束条件，将可能的情况一一列举出来，寻找符合要求的组合，然后找出满足条件的解。首先，问题有三种不同的鸡，假设公鸡为 X 只，母鸡为 Y 只，小鸡为 Z 只。一共用 100 钱买 100 只鸡，X 的取值范围为 1~20，Y 的取值范围为 1~33，Z 的取值需要同时满足 X+Y+Z=100 且

5X+3Y+Z/3=100。要进行不同组合的尝试，可以使用循环结构。

■ 任务相关知识与实施 ■

在指定条件下，重复多次地执行某个相同的操作，这种流程控制称为循环结构。循环结构一般由循环控制条件和循环体两部分组成，循环控制条件用来控制一个循环何时开始，何时终止。循环体则表示每进行一次循环要执行的操作。

在 PHP 中，能够实现的循环结构有 while 循环、do…while 循环、for 循环和 foreach 循环。

3.3.1　while 循环

当循环次数不确定时，可以使用 while 循环语句，根据指定的条件来执行循环，其语法格式如下：

```
while(条件表达式){
    <循环体>
    }
```

功能：计算"条件表达式"的值，当值为 true 时，执行循环体语句，然后再判断"条件表达式"，只要其值为 true，就会不断重复执行循环体。如果"条件表达式"的值为 false，就跳出循环体，执行循环体后面的语句。while 循环语句执行流程如图 3-8 所示。

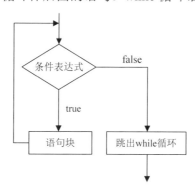

图 3-8　while 循环语句执行流程

例 3-7 用 while 循环语句求 1+2+3+…+100 的和。

```php
<?php
    $i=1;
    $sum=0;
    while ($i<=100) {           //i 小于或者等于 100 时，执行循环
       $sum+=$i;                //累加器，记录和
       $i++;                    //计数器，记录累加的次数
    }
    echo "1+2+3+…+100 累加和为: ".$sum;
?>
```

3.3.2　do…while 循环

do…while 循环语句的执行过程与 while 循环语句相似，但稍有区别，其语法格式如下：

```
    do{
        <循环体>;
    }while(<条件表达式>);
```

功能：先执行一次"循环体"，再判断"条件表达式"，当"条件表达式"的值为 true 时，继续执行"循环体"；当"条件表达式"的值为 false 时，不再执行"循环体"，退出 while 循环。do…while 循环语句执行流程如图 3-9 所示。do…while 的循环体至少要执行一次。

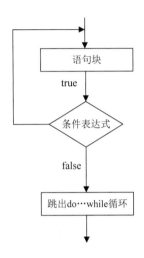

图 3-9　do…while 循环语句执行流程

例 3-8　用 do…while 循环语句求 1+2+3+…+100 的和。

```
<?php
    $i=1;
    $sum=0;
    do {                        //无论条件成立否，先执行一次循环体
        $sum+=$i;
        $i++;
    } while ($i<=100);          //判断条件
    echo "1+2+3+…+100 累加和为: ".$sum;
?>
```

注意　"while(<条件表达式>);"后面必须加分号";"。

do…while 循环语句和 while 循环语句功能类似，但它们也是有区别的：while 循环语句先判断条件表达式再执行循环体，而 do…while 循环语句则是先执行循环体，再判断条件表达式。对于条件表达式开始为 true 的情况，两种循环结构没有区别。

当条件表达式开始为 false 时，while 循环语句不执行循环体，跳出循环执行后续代码，而 do…while 循环语句仍然要执行一次循环体才跳出循环执行后续代码，因此二者结果不同。

3.3.3　for 循环

1. for 循环的使用

for 循环语句常用于循环次数已知的情况，其语法格式如下：

```
for(<表达式 1>;<条件表达式 2>;<表达式 3>)
{
     <循环体>;
     }
```

在 for 循环语句中，各表达式的功能如下：

<表达式 1>的功能是初始化循环控制变量，<表达式 1>只执行一次，并且不是必需的。

<条件表达式 2>为循环控制条件，若<条件表达式 2>值为 true，则执行循环体语句块；若<条件表达式 2>值为 false，则跳出 for 循环。

<表达式 3>的功能是修改循环控制变量的值。

for 循环语句执行流程如图 3-10 所示。

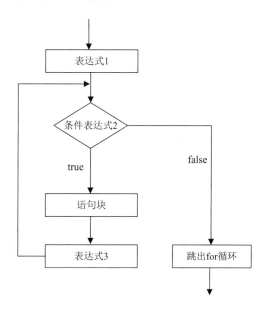

图 3-10　for 循环语句执行流程

例 3-9 用 for 循环计算一个正整数 n 的阶乘。

```php
<?php
    $n=6;
    $fac=1;
    for($i=1;$i<=$n;$i++)
     $fac=$fac*$i;
    echo $fac;     //输出结果：720
?>
```

2. 循环的嵌套使用

在一个循环体内又包含了另一个完整的循环结构，这种结构称为循环嵌套。循环嵌套主要由 while 循环、do…while 循环和 for 循环三种循环自身嵌套和相互嵌套构成。循环嵌套的外层循环应"完全包含"内层循环，不能发生交叉；内层循环与外层循环的变量一般不应同名，以免造成混乱；循环嵌套要注意使用缩进格式，以增加程序的可读性。

例 3-10 编写程序实现九九乘法表。程序源代码如下：

```php
<?php
    //输出九九乘法表
    for($i=1;$i<=9;$i++){              //外循环，i 从 1~9 变化
        for($j=1;$j<=$i;$j++) {        //内循环，j 从 1 变化到$i
            echo $j."*".$i."=".$j*$i." ";
        }
        echo "<br/>";
    }
?>
```

例 3-11 根据前面的分析，"百钱百鸡"问题，编写程序如下：

```php
<!doctype html>
<html>
<head>
<meta charset="utf-8">
<title>百钱百鸡</title>
</head>
<body>
<?php
//鸡翁一值钱五，鸡母一值钱三，鸡雏三值钱一。百钱买百鸡，问鸡翁、鸡母、鸡雏各几何？
/*假设：可以买的公鸡有 x 只，母鸡有 y 只，小鸡有 z 只，则满足以下条件：
鸡数量：  x+y+z=100
钱数：  5x+3y+z/3=100
尝试遍历：公鸡 x：0-20，母鸡 y：0-33，小鸡 z：100-x-y
*/
for($x=0;$x<=20;$x++ ){
    for($y=0;$y<=33;$y++){
    $z=100-$x-$y;
    if( 5*$x+3*$y+$z/3==100){
        echo "公鸡{$x}只，母鸡{$y}只，小鸡{$z}只  <br>"; }
    }
}
?>
</body>
</html>
```

程序运行结果如图 3-11 所示。

图 3-11 "百钱百鸡"计算结果

任务 3.4　foreach 循环——餐馆菜单

【**任务描述**】给餐馆制作一个菜单，能够展示菜品。当用户点菜后，输出所选的菜和应付金额的汇总信息。运行结果如图 3-12 所示。

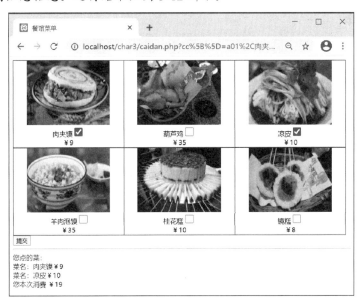

foreach 循环-遍历
数组（微课）

图 3-12　餐馆菜单

【**任务分析**】

1）菜品信息如何存储？餐馆的每道菜品都有名字、价格、图片等信息，每道菜可以使用一个数组存储，多道菜就需要使用二维数组存储。

2）菜单展示可以遍历数组输出每道菜。

3）要实现点菜功能，需要使用表单完成。在每道菜的后面提供一个复选框，让用户选择所需菜品，实现点菜功能。

4）使用 $_GET 获取用户点的菜后，计算价格并输出。

该例的关键是建立和遍历数组，遍历数组可以使用 foreach 循环。

■ **任务相关知识与实施**

foreach 循环用于遍历数组。foreach 循环有两种使用方法。

1. 使用 foreach 循环读取数组元素的值

语法格式如下：

```
foreach ($array as $value)
{
    要执行代码;
}
```

功能：每进行一次循环，$array 数组的当前数组元素的值就会被赋值给 $value 变量，同时数组指针会自动指向下一个数组元素，在进行下一次循环时，将看到数组中的下一个值，直到数组结束。

例 3-12 用 foreach 循环遍历数组。源代码如下：

```php
<?php
$colors=array("red","green","blue","yellow");
foreach ($colors as $value)        //关键字 as 之前的是数组名
{
 echo "$value <br>";
}
?>
```

运行结果如图 3-13 所示。

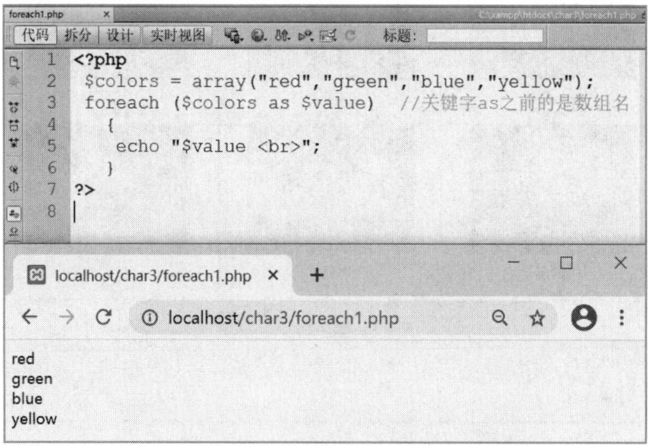

图 3-13　foreach 循环遍历数组

2. 使用 foreach 循环读取数组元素的键和值

语法格式如下：

```php
foreach ($array as $key=>$value)
{
    要执行代码;
}
```

功能：每进行一次循环，$array 数组的当前数组元素的键与值对应被赋值给$key 和$value 变量，数组指针会逐一移动，在进行下一次循环时，将看到数组中的下一个键与值。

例 3-13 用 foreach 循环遍历数组，输出数组元素的键和值。源代码如下：

```php
<?php
$bookinfo=array('bookname'=>'PHP 程序设计','author'=>'李丽','price'=>36,
'pubhouse'=>'XX 出版社');
//下面循环语句只输出 value 值
foreach($bookinfo as $value)
    {
        echo $value.' ';
    }
    echo "<br/>","<hr/>";
//下面循环语句输出 key 值和 value 值
foreach($bookinfo as $key=>$value)
```

```
    {
        echo $key.":".$value.'<br/>';
    }
?>
```

在该程序中，作为对比，给出了两种遍历方式，遍历结果如图 3-14 所示。

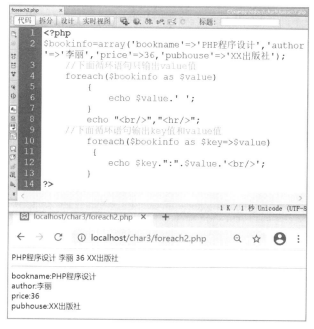

图 3-14   foreach 循环遍历数组

3. 遍历多维数组

foreach 语法结构只能用于遍历一维数组，要遍历多维数组，一般使用 foreach 嵌套。

例 3-14 根据前面的分析，餐馆菜单源程序如下：

```
<!doctype html>
<html>
<head>
<meta charset="utf-8">
<title>餐馆菜单</title>
<style>
 .box{ width:20px;height:20px;}
</style>
</head>
<body>
<?php
//定义菜单数据，用二维数组存放
$menu[]=array('tp'=>'images/p1.jpg','name'=>' 肉夹馍 ','price'=>9,'id'=>
'a01');
    $menu[]=array('tp'=>'images/p2.jpg','name'=>' 葫芦鸡 ','price'=>35,'id'=>
'a02');
    $menu[]=array('tp'=>'images/p3.jpg','name'=>' 凉 皮 ','price'=>10,'id'=>
'a03');
    $menu[]=array('tp'=>'images/p4.jpg','name'=>' 羊肉泡馍 ','price'=>35,'id'=>
```

```php
'a04');
    $menu[]=array('tp'=>'images/p5.jpg','name'=>' 桂花糕 ','price'=>10,'id'=>
'a05');
    $menu[]=array('tp'=>'images/p6.jpg','name'=>' 镜糕 ','price'=>8,'id'=>
'a06');
?>
<form action="caidan.php" method="get"> <!-- 用表单让用户点菜 -->
<table width="800" border="1" cellspacing="0" cellpadding="0">
  <tr>
<?php
 $i=0;
//使用 foreach 循环嵌套输出菜单数据
 foreach($menu as $cai){                        //取菜单中的一道菜，放入变量$cai 中
    $i++;
    $id=$cai['id'];
    $name=$cai['name'];
    $price=$cai['price'];
    echo "<td align='center'>";
    foreach($cai as $key=>$value ){    //输出当前菜$cai 的信息
      if($key==='tp'){                 //输出菜的图片
        echo "<img src='$value' width='200' height='150'>";
        }
      elseif( $key==='price'){         //输出菜的价格
        echo "¥".$value;
        }
      elseif( $key==='id')
        { ; }         //菜的 id 是内部标识 i，不用输出，故用空语句代替
        else {
        //输出菜名，在菜名后跟一个复选框，当用户点菜后，菜的 id、名字、价格被存
入数组 CC 中保存
          echo "<br>".$value;
          echo   "<input   type='checkbox'   class='box'name='cc[]'
value='$id,$name, $price'>";
          echo "<br>";
          }
      }
    echo "</td>";
    if($i%3==0) echo "</tr> <tr>";      //表格每行显示 3 道菜
 }
?>
</tr>
</table>
<input type="submit" name="tijiao" value="提交" >
</form>
<hr>
<?php
 if(isset($_GET["tijiao"]) and !empty($_GET["cc"])){ //判断用户点菜否
 echo "您点的菜：   <br>";
 $money=0;                              //消费总额
 foreach($_GET["cc"] as $cai ){         //遍历数组 cc，输出用户点的菜
   //echo $cai;
```

```
        $a=explode(",",$cai);          //$cai 是字符串, 把字符串转换为数组
        //var_dump($a);
        echo "菜名: ".$a[1];
        echo "¥".$a[2];
        $money=$money+$a[2];
        echo "<br>";
        }
    echo "您本次消费 ¥$money";
    }
?>
</body>
</html>
```

该程序的运行结果如图 3-12 所示。

从源代码可以看出，该程序的重点是使用数组存储数据，使用 foreach 循环嵌套遍历数组，在输出数组元素时，对不同的键进行了不同的处理。读者可以举一反三，修改源代码，将该网页修改为其他商品的销售菜单页面。

任务 3.5 用户自定义函数——PHP 多模块操作

【任务描述】在程序执行过程中，通常会遇到需要重复使用的代码段，如果在每次用到该代码段的时候都重新编写代码，不仅浪费时间，而且会使程序变得冗长，查找错误困难，可读性差，可维护性降低。PHP语言提供了一种可以将重复的代码段打包使用的方法——函数。它可以将程序中烦琐的代码模块化，提高程序的可读性，便于后期维护。该任务主要学习如何使用 PHP 函数实现代码模块化。

函数定义与调用
（微课）

【任务分析】函数需要先定义然后才能调用。PHP 语言使用 function 定义函数。调用函数时，通过函数名调用，根据定义时函数是否带有形式参数，决定调用函数时是否需要提供实际参数。

■ 任务相关知识与实施 ■

在程序开发过程中，为了减少代码编写重复，同时提高代码的复用性，经常将一些实现特定功能的代码段封装成函数，放在函数库中供用户选用。一个函数就是一个功能独立的模块，通过定义函数可以实现多模块操作。

PHP 中用户自定义函数必须先定义，然后才能调用。根据函数在实现功能时是否需要参数，把函数分为有参函数和无参函数，它们在定义函数和调用函数时有所不同，下面分别进行介绍。

3.5.1 定义和调用无参函数

顾名思义，无参函数就是不带的函数。这类函数一般用来实现某个过程，可以有返回值，也可以没有返回值。

1. 定义无参函数

定义无参函数的语法格式如下：

```
function 函数名()
{
    函数体
}
```

说明：函数名用来标识某个函数，只能包括数字、字母和下划线，并且不能以数字开头。函数名不用加 "$" 符号，不区分大小写。PHP 中不允许函数重名，并且不能与 PHP 内置函数同名，也不能与 PHP 关键字同名。"函数体"表示每次调用函数时要执行的代码。若函数有返回值，使用 return 语句返回。

2. 调用无参函数

调用无参函数时，只需要指定函数名即可，函数名后面的括号要保留。若调用有返回值的无参函数，一般把调用语句放在表达式中。

例 3-15 定义和调用无参函数。源代码如下：

```php
<?php
//定义无参函数
function displayMessage()      //无返回值的函数
{
    echo '少年强则国强!';
}
function Say()                  //有返回值的函数
{
    return 10;
}
//调用函数
displayMessage();
echo Say();
?>
```

程序运行结果如图 3-15 所示。

图 3-15　定义和调用无参函数

3.5.2　定义和调用有参函数

有参函数是带有参数的函数。函数在实现功能时，可根据需要定义参数的个数。

1. 定义函数

在 PHP 中，自定义函数通常由四部分组成：函数名、函数参数、函数体和返回值。定义一个自定义函数的语法格式如下：

```php
function fun_name($arg1,$arg2,…[,$argn=defaultvalue]){
    函数体
    [return 返回值;]
}
```

其中，function 是函数定义关键字，其他的参数说明如下。

fun_name：函数名。

$arg1,$arg2,…,$argn：函数的参数，也叫形式参数。在定义函数时，形式参数没有值，等到调用函数时，通过调用语句给形式参数传递值。

defaultvalue：用来指定参数的默认值。

函数体：由一些 PHP 语句组成，这些语句要完成函数的功能。

返回值：一般是变量或表达式。由 return 语句将其值返回给调用程序。

2. 调用函数

在 PHP 中，可以直接使用函数名称进行函数的调用。调用有参函数时需要提供与形式参数对应的实际参数，形式如下：

> 函数名 (实参列表)

说明：实参列表与函数定义时的形参列表相对应，实参列表中的参数按照从左到右的顺序与形参列表中的参数一一对应。

例 3-16 定义和调用有参函数。

```php
<?php
function js($a,$b,$c=5)
{
  $result=$a-$b+$c;
  return $result;
}
echo js(10,15,30);  //结果: 25
echo "<br/>";
echo js(10,15);     //结果: 0
?>
```

由于 js()函数在定义时带有形式参数，因此调用该函数时，应提供相同数量、类型和排列顺序的实际参数。实际参数可以是常量，也可以是变量。

js()函数的第三个参数带有默认值，在调用时，如果给第三个参数提供了实际参数，如 js(10,15,30)，则以实际参数值优先，即$c=30。如果调用时没有给第三个参数提供实际参数，如 js(10,15)，则$c 使用默认值 5。

调用一个函数的运行过程如下：

1）函数只有被调用时，才占用 Web 服务器的 CPU 资源和内存资源。

2）程序的运行从主程序开始，当执行到语句"js(10,15,30)"时，js()函数被调用，系统会把该函数载入内存，程序流程从主程序转入到 js()函数。

3）通过实际参数把值传递给形式参数，开始执行函数体，当执行到 return 语句或函数结束处"}"时，结束函数运行，将结果返回给调用程序。

4）函数调用结束。流程接着执行调用语句的下一条语句。

3.5.3 函数参数的值传递和引用传递

在调用函数时，实际参数与形式参数结合，有值传递和引用传递两种方式。

函数参数传递
（微课）

1. 函数参数的值传递

值传递是实际参数把自己的值传递给形式参数。形式参数获取实际参数的值后，若在函数体内发生值的改变，这种变化不影响实际参数的值。

例 3-17 函数参数的值传递。

```php
<?php
function change($number)
{
$number=$number*2;
echo '函数内部$number='.$number;
}
$number=10;
change($number);                              //显示内部值
echo '<p>函数外部$number='.$number.'</p>';    //显示外部值
?>
```

运行结果如图 3-16 所示。

图 3-16　函数参数传值结合——值传递

在这个例子中，实际参数$number 与形式参数$number 虽然同名，但它们是两个不同的变量。调用函数前，实际参数$number 值为 10，调用函数时，形式参数通过值传递方式从实际参数$number 获取了值，因此，形式参数$number 值变为 10。在函数体内，对形式参数的值做了修改，变为 20。当调用完毕后，返回主程序，实际参数$number 的值还是调用函数之前的值 10。因此，值传递方式是单向的，形式参数值的变化不影响实际参数的值。

2. 函数参数的引用传递

在定义函数时，在函数的参数名称前添加"&"符号，这种参数传递方式就是引用传递。

引用传递的本质是实际参数把自己的存储地址传递给形式参数，形式参数与实际参数使用同一个存储地址。因此，如果在函数体内部修改了形式参数值，这种修改会影响到实际参数，实际参数值也会跟着变化。

例 3-18 函数参数的引用传递。

```php
<?php
function change($number)
```

```
    {
    $number=$number*2;
    echo '函数内部$number='.$number;
    }
    $number=10;
    change(number);                          //显示内部值
    echo '<p>函数外部$number='.$number.'</p>';  //显示外部值
?>
```

运行结果如图 3-17 所示。可以看出，形式参数值的变化影响了实际参数的值。

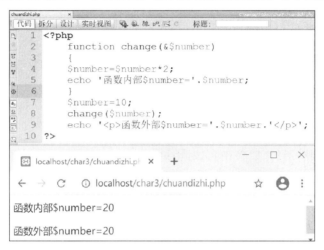

图 3-17 函数参数传值结合——引用传递

3.5.4 函数的返回值

函数的返回值使用 return 语句。如果需要返回多个值，可以通过返回数组的方法实现。

例 3-19 函数返回多个值。

```
<?php
function sub(){
   $a[]=5;
   $a[]=15;
   $a[]=25;
   return $a;
}
 $myarr=sub();   // 调用 sub() 函数
 foreach($myarr as $value)  echo "$value ";
?>
```

运行结果如图 3-18 所示。

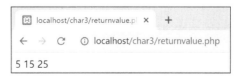

图 3-18 函数返回多个值

任务 3.6   PHP 文件引用——多文件实现网页布局

PHP 文件引用
（微课）

【任务描述】 一种常见的网页布局形式是"三行式布局"，即网页首部、中间主要内容区域和网页尾部。为了把复杂工作简单化，可以使用 PHP 技术文件引用实现这种布局。

【任务分析】 使用模块化编程，使整个网页的不同部分形成不同的文件，然后引用这些文件实现布局。基本思路如下：

1）制作网页首部 header.html 文件。

2）制作网页尾部 footer.html 文件。

3）制作网页中间区域的公共部分 show.php 文件。

4）制作网页，引用以上三个文件实现一个完整网页。

■ 任务相关知识与实施

PHP 提供了四种语句，用来在 PHP 程序中引用外部文件。这四种语句分别是 require、include、require_once 和 include_once。这些用来实现文件包含的语句有利于代码的复用，提高编程效率，便于多人协作进行模块化开发。

3.6.1   文件包含语句（include 语句）

使用 include 语句可以很方便地引用另外一个文件的内容，这个文件可以是 PHP 文件，也可以是 HTML 文件。使用形式如下：

```
include <文件名>
```

例 3-20 使用 include 语句引用外部文件实现网页布局。

新建一个文件夹，内含四个文件，描述如下。

1）header.html 文件，内容如下：

```
<center><h3>成绩显示页</h3></center>
<hr/>
```

2）footer.html 文件，内容如下：

```
<hr/>
<center><h3>版权说明</h3></center>
```

3）show.php 文件，内容如下：

```php
<?php
function show($name,$score,$result){
  echo "姓名: ".$name."</br>";
  echo "成绩: ".$score."</br>";
  echo "结论: ".$result."</br>";
}
?>
```

4）page1.php 文件，这个文件引用了以上三个文件，内容如下：

```php
<?php
  include "header.html";
  include "show.php";
```

```
    $name="李林";
    $score="98";
    $result="通过";
    show($name,$score,$result);
    include "footer.html";
?>
```

运行程序时，直接执行 page1.php 文件，结果如图 3-19 所示。

图 3-19　include 引用外部文件实现网页布局

分析运行结果可以看出，include 语句执行时，相当于把引用文件的内容插入到当前程序中，因此，例子中的 include header.html 和 include footer.html 语句位置很重要。

这种文件引用除了能够实现复杂任务模块化处理，还有一个好处就是，如果被引用的文件（如 header.html）在外部被修改后，引用页面（如 page1.php）也会跟着变化。可以想象，如果一个网站定义好 header 和 footer，那么在网站其他网页引用这两个文件，非常容易实现网页内容和风格的统一。

除了 include 语句外，require 语句也可以实现文件引用。require 语句和 include 语句几乎完全一样，区别在于处理失败的方式不同。require 语句在出错时产生 E_COMPILE_ERROR 级别的错误，同时中止脚本；而 include 语句只产生警告（E_WARNING），脚本会继续运行。

require_once 与 include_once 这两个语句用于在脚本执行期间确保文件只被包含一次，以避免函数重复引用。include_once 语句引用一个文件，只能引用一次，如果文件不存在，会给出提示，然后继续执行。require_once 语句引用一个文件，只能引用一次，如果文件不存在，会中断程序执行。

3.6.2　命名空间

考虑一个问题：在文件引用时，不同的程序单位中若出现了同名函数，则如何区分这些函数？例如，在 sub3.php 文件中有一个 star()函数，在 sub.php 文件中也有一个 star()函数，若 main.php 同时引用了 sub3.php 文件和 sub.php 文件，则在 main.php 中调用 star()函数时，调用的是哪个文件里的函数呢？

为了解决这个问题，可以使用命名空间进行区分。

1. 定义命名空间

没有划分命名空间之前，即在默认情况下，所有常量、类和函数名都放在全局空间中。命名空间通过关键字 namespace 来声明。如果一个文件中包含命名空间，它必须在其他所有代码之前声明命名空间，命名空间是程序脚本的第一条语句。语法格式如下：

```
namespace <命名空间名称>
```

2. 引用命名空间中的函数

引用形式如下：

```
<命名空间名称>\<函数名称>
```

例 3-21 使用命名空间区分同名函数。

1）在 sub3.php 文件中有 star() 函数。

```php
<?php
 namespace sub3{
 function star(){
     echo "***** <br>";
   }
 }
?>
```

2）在 sub.php 文件中有 star() 函数。

```php
<?php
  namespace sub{
  function star(){
    echo "    *   <br>";
    echo " *** <br>";
    echo "***** <br>";
    }
  }
?>
```

3）在 main.php 文件中调用 star() 函数，在函数名前添加命名空间名即可。

```php
<?php
  include "sub.php";
  include "sub3.php ";
  sub\star();          //调用 sub.php 中的 star() 函数
  echo "<hr/>";
  sub3\star();         //调用 sub3.php 中的 star() 函数
?>
```

运行程序时，直接执行 main.php 文件，结果如图 3-20 所示。

图 3-20　不同命名空间下的 star() 函数

由此可见，使用命名空间可以更清楚地标明一个范围，该范围内的常量或者函数在使用时，需要指定命名空间名称，从而解决同名函数区分问题。

项目总结

本项目主要介绍了 PHP 的选择结构、循环结构、用户自定义函数的定义与调用、函数参数的传递和 PHP 文件引用的方法。通过几个实用的任务案例，让大家了解使用这些控制结构解决实际问题的思路与方法。在解决实际工程任务的过程中，经常会使用模块化方式分解复杂任务，团队分工协作进行模块设计与开发，最后组装，达到提高 PHP 编程效率的目的。在编写程序时，注意编程细节，代码要简洁易懂，有注释，用缩进和空格体现层次关系。

项目测试

知识测试

一、选择题

1. 仅指定一个选择的代码块，当逻辑判断为 true 时，则执行该代码块的语句是（　　）。

    A. if…else 语句　　　　B. if…else if 语句　　　　C. if 语句　　　　D. switch 语句

2. 下面程序的运行结果是（　　）。

```php
<?php
$a=3;
$b=4;
if(($a=5) && ($b=6)) {
$a++;
$b++;
}
var_dump($a);
echo ", ";
var_dump($b);
?>
```

    A. 3，4　　　　　　B. 4，5　　　　　　C. 1，7　　　　D. 6，7

3. 下面程序的运行结果是（　　）。

```php
<?php
$a=3;
$b=4;
if($a=5 && $b=6) {
$a++;
$b++;
}
var_dump($a);
echo ", ";
var_dump($b);
?>
```

    A. 3，4　　　　　　B. 4，5　　　　　　C. 1，7　　　　D. 6，7

4. 下面程序的运行结果是（　　）。

```php
<?php
$a=3;
$b=4;
if($a=5 and $b=6) {
```

```
    $a++;
    $b++;
    }
    var_dump($a);
    echo ", ";
    var_dump($b);
?>
```

    A. 3，4   B. 4，5   C. 1，7   D. 6，7

5. 语句 for($k=0;$k==1;$k++);和语句 for($k=0;$k=1;$k++);的执行次数分别是（   ）。

    A. 无限和 0   B. 0 和无限   C. 都是无限   D. 都是 0

6. 下面程序的运行结果是（   ）。

```
$i=0;
while($i<10){
   if($i<1){ continue;   }
   if($i== 5){ break;   }
   $ i++;
}
```

    A. 1   B. 10   C. 6   D. 死循环

7. 下面程序的运行结果是（   ）。

```
<?php
    function show(){
        $str="Hello BeiJing";
        echo "str 值为: ".$str."<p>";
        return ($str);
        }
    $mystr=show();
    echo ",mystr 值为: ".$mystr."<P>";
?>
```

    A. str 值为: Hello BeiJing , mystr 值为:

    B. str 值为: Hello BeiJing , mystr 值为: Hello BeiJing

    C. str 值为: , mystr 值为: Hello BeiJing

    D. str 值为: , mystr 值为:

8. PHP 自定义函数返回函数值时使用的语句是（   ）。

    A. printf   B. md5   C. return   D. function

9. 定义函数时，若函数参数使用引用传递参数的方式，那么应该在参数名称前面添加（   ）符号。

    A. "："   B. "$"   C. "&"   D. "@"

10. 下列不支持 PHP 函数的功能的是（   ）。

    A. 可变的参数个数   B. 通过引用传递参数

    C. 通过指针传递参数   D. 实现递归函数

11. 引用文件 "time.php" 的正确方法是（   ）。

    A. <?php require "time.php";   ?>

    B. <?php require file="time.php";   ?>

    C. <?php include_file("time.php");   ?>

    D. <?php include file="time.php";   ?>

12. 以下（　　）不是 PHP 中的循环语句。

　　A. for　　　　　　B. break　　　　　　C. while　　　　　D. foreach

13. 下列说法不正确的是（　　）。

　　A. list()函数可以写在等号左侧

　　B. each()函数可以返回数组里面的下一个元素

　　C. foreach()遍历数组的时候可以同时遍历出 key 和 value

　　D. for 循环能够遍历关联数组

14. 下列能输出 1～10 随机数的是（　　）。

　　A. echo rand();　　　　　　　　　B. echo rand()*10;

　　C. echo rand(1,10);　　　　　　　D. echo rand(10);

二、简答题

1. 比较 include、require、include_once、require_once 的作用与区别。

2. 自定义函数的参数传递有值传递、引用传递和默认值三种方式，分别如何实现？

技能测试

1. 制作如图 3-21 所示的"学习强国知识竞赛报名"页面，单击"提交"按钮后，显示参赛选手的报名信息，如图 3-22 所示。

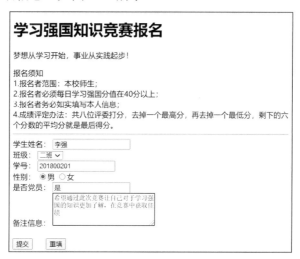

图 3-21　"学习强国知识竞赛报名"页面

图 3-22　提交后显示报名信息页面

编程思路:

1)报名页面可以分为上下两部分制作:上面的报名须知等内容放在另外一个文件 bmxz.php 中,在这里引用该文件。下面的表单直接在当前页面中制作。

2)报名信息显示页可以使用$_POST 或者$_GET 输出表单内容。

2. 完成"'学习强国知识竞赛'比赛结果"页面,如图 3-23 所示。

编程思路:

1)使用数组存储八位评委给出的成绩。例如:

```
$grade=array('一号裁判'=>98.2,'二号裁判'=>97.1,'三号裁判'=>95,'四号裁
判'=>90,'五号裁判'=>99,'六号裁判'=>98.5,'七号裁判'=>97.6,'八号裁判'=>93.4);
```

2)对数组进行查找,找到最高分,删除该数组元素。例如:

```
$maxkey=array_search(max($grade),$grade);
unset($grade[$maxkey]);
```

3)对数组进行查找,找到最低分,删除该数组元素。例如:

```
$minkey=array_search(min($grade),$grade);
unset($grade[$minkey]);
```

4)求数组中所有元素的平均值并输出。

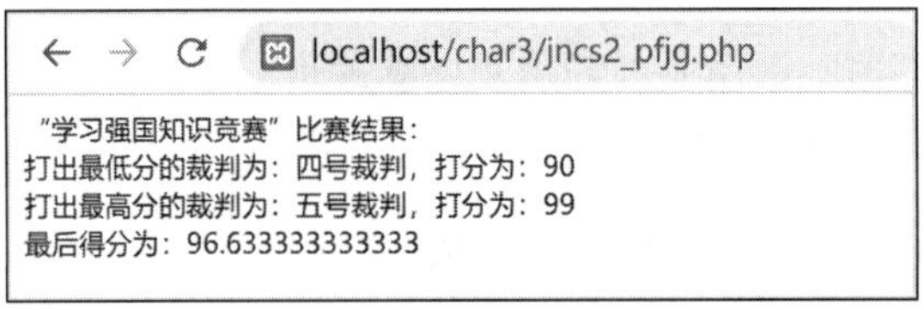

图 3-23 评分结果

学习效果评价

序号	评价内容	个人自评	同学互评	教师评价
1	能够编写选择结构程序			
2	能够编写循环结构程序			
3	熟悉自定义函数的定义与调用			
4	熟悉函数的参数传递			
5	各项知识点的综合应用能力			
6	举一反三:根据所学理论,学以致用,完成基本功能			
7	编码规范:代码符合 PHP 语言命名规范、注释规范			
8	创新精神:除了基本实验外,实验中有创新内容			

评价标准

A:能够独立完成,熟练掌握,灵活应用,有创新

B:能够独立完成

C:不能独立完成,但能在帮助下完成

项目综合评价:>6 个 A,认定优秀;4~6 个 A,认定良好;<4 个 A,认定及格

PHP 文件处理——考试报名系统

知识目标 ☞
- 理解并掌握 PHP 目录操作函数的使用。
- 理解并掌握 PHP 文件操作函数的使用。
- 理解文件上传与下载的实现思想。

技能目标 ☞
- 能够使用 PHP 函数创建目录和管理目录。
- 能够创建 PHP 文件写入数据，并从文件中读取数据。
- 能够综合应用文件保存数据。
- 能够综合应用表单和文件域实现文件上传。

思政目标 ☞
- 培养严谨细致的观察能力和分析能力。
- 培养创新思维与应用创新能力。

在 Web 应用中，当需要永久存储从客户端获取的数据时，在没有数据库的情况下，可以使用文件保存数据，实现与其他程序的数据共享。本项目以一个考试报名系统的实现为例，学习 PHP 中的目录操作、文件操作以及文件的上传和下载。

任务 4.1 目录操作——创建 kaoshi 目录

【任务描述】在考试报名系统中，考生的个人信息和照片要被存放在 kaoshi 目录中。本任务主要完成创建目录和管理目录的工作。

【任务分析】PHP 提供了目录操作函数，通过调用这些函数完成创建目录的任务。

■ 任务相关知识与实施

在文件管理过程中，目录是用来组织和管理磁盘文件的一种数据结构。目录可以进行的操作有创建目录、打开目录、读取目录等。

表 4-1 中列出了 PHP 提供的常用目录操作函数，用于对目录进行各种基本操作。

表 4-1 目录操作函数

函数	说明
is_dir(string $pathname)	判断$pathname 是否是一个目录。如果是目录，返回 true，反之返回 false

续表

函数	说明
mkdir(string $pathname)	创建一个由$pathname 指定的目录。创建成功时返回 true，失败时返回 false
rmdir(string $dirname)	删除$dirname 所指定的目录。该目录必须是空的，而且要有相应的权限。成功时返回 true，失败时返回 false
chdir(string $dirname)	设置$dirname 为当前目录
opendir(string $path)	打开$path 目录，如果成功则返回目录句柄 resource，可用于 closedir()函数、readdir()函数调用中，失败则返回 false
readdir([resource $dir_handle])	读取$dir_handle 句柄指向的目录下的内容
closedir([resource $dir_handle])	关闭$dir_handle 句柄指向的目录，释放内存
scandir(string $directory [,sorting_order])	扫描$directory 指定的目录，浏览成功返回文件数组，失败则返回 false。可选参数 sorting_order 规定排列顺序，默认是 0，表示按字母升序排列，为 1 时表示按字母降序排列

例 4-1 读取当前目录内容。源代码如下：

```php
<?php
$dir = "./";                    //定义要读取的目录名称，这里表示当前目录
// 打开目录，读取其中内容
if(is_dir($dir)){               //判断$dir 是否目录，若是
  if($dh=opendir($dir)){        //打开目录
    while (($file=readdir($dh)) !==false){ //读取$dh 内容
    echo "filename:" . $file . "<br>";
    }
    closedir($dh);              //关闭目录
  }
}
?>
```

目录的访问是通过句柄实现的。使用 opendir()函数成功打开一个目录后，会返回一个目录句柄（就是本例中的$dh，是一个 source 类型的变量），其他函数可以使用该句柄对目录进行操作。为了节省服务器资源，使用完一个已经打开的目录句柄后，应使用closedir()函数关闭这个句柄。该程序的运行结果如图 4-1 所示。结果中的 "." 表示当前目录，".." 表示上级目录。

图 4-1 读取当前目录内容

例 4-2 创建目录。在当前目录下创建名为 kaoshi 的目录，源代码如下：

```php
<?php
    //定义要创建的目录名称，这里表示当前目录下的 kaoshi
    $dir="./kaoshi";
    // 打开目录，读取其中内容
    if(!is_dir($dir)){   //判断$dir 目录是否存在，若不存在
      if(mkdir($dir))    //创建目录
       echo '目录创建成功';
      else
       echo '目录创建出错';
    }
?>
```

该程序的运行结果如图 4-2 所示。在操作系统下查看当前目录，发现 kaoshi 目录已经被创建。

图 4-2　在当前目录下创建 kaoshi 目录

例 4-3 列出当前目录中的文件和目录。源代码如下：

```php
<?php
    $dir="./";                //设置浏览的目录为当前目录
    $a=scandir($dir);         //按字母升序排列
    $b=scandir($dir,1);       //按字母降序排列
    print_r($a);
    echo "<br/>";
    print_r($b);
?>
```

该程序的运行结果如图 4-3 所示，分别以字母升序和降序的方式列出当前目录的内容。

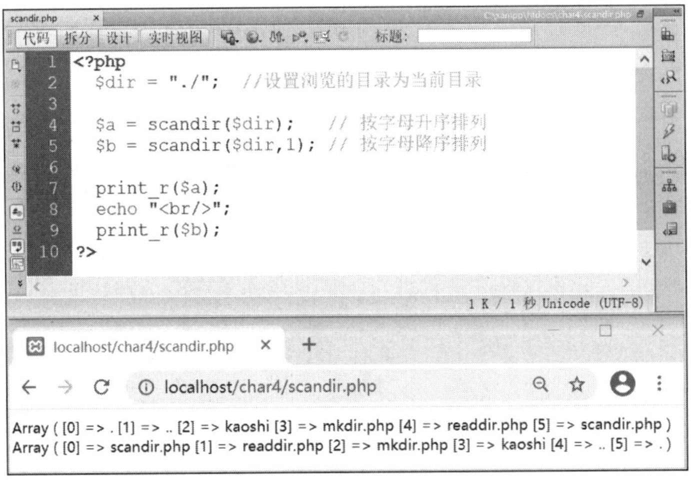

图 4-3　浏览当前目录内容

任务 4.2　文 件 操 作

【任务描述】 在考试报名系统中，要求把考生的学号、姓名写入 kaoshi.txt 文件中，每行写一个考生的学号和姓名，学号和姓名之间使用逗号分隔。

【任务分析】 本任务主要学习如何使用文件保存数据。使用 PHP 函数先打开文件，然后写入数据，最后关闭文件。

PHP 创建文件
（微课）

■ 任务相关知识与实施

文件是指存储在外部介质上具有名字的一组相关数据集合。Windows 操作系统中常见的文件类型有文件、目录和未知文件。PHP 提供了 filesize()函数，可以查看文件字节数。文件操作与目录操作有相似之处，文件操作一般包括打开与关闭文件、写入文件内容、读取文件等。

4.2.1　打开与关闭文件

打开与关闭文件操作通过 PHP 内置的文件系统函数完成。

1. 打开文件

使用 fopen()函数打开一个文件，语法格式如下：

```
    resource fopen ( string filename,string mode[,bool use_include_path
[,resource zcontext]])
```

功能：函数返回一个指向这个文件的文件指针。如果无法打开指定文件，则返回 false。各参数含义说明如下。

filename：打开文件的 URL，包括文件名，可以是绝对路径或者相对路径。

mode：打开文件的模式，有只读、只写、读写等模式，具体如表 4-2 所示。

use_include_path：可选参数，决定是否在 php.ini 中 include_path 指定的目录中搜索 filename 文件，如果希望搜索，则将其值设为 1 或 true。

zcontext：可选参数，fopen()函数允许文件名称以协议名称开始，例如"http://"，并且在一个远程位置打开文件。通过这个参数，还可以支持一些其他的协议。

表 4-2　文件打开模式

mode	说明
"r"	只读方式打开，将文件指针指向文件的开头
"r+"	读写方式打开，将文件指针指向文件的开头
"w"	写入方式打开，将文件指针指向文件的开头，如果文件存在，则文件原来的内容被删除。如果文件不存在，则创建此文件
"w+"	读写方式打开，将文件指针指向文件的开头，如果文件存在，则文件原来的内容被删除。如果文件不存在，则创建此文件
"a"	追加，将文件指针指向文件末尾，如果文件存在，将在文件末尾追加内容；如果文件不存在，则创建此文件
"a+"	读/追加，将文件指针指向文件末尾，如果文件存在，将在文件末尾追加内容或者读取；如果文件不存在，则创建此文件
"x"	创建并以写入方式打开文件，将文件指针指向文件的开头。如果文件已存在，则调用失败并返回 false；如果文件不存在，则创建此文件
"x+"	创建并以读写方式打开文件，将文件指针指向文件的开头。如果文件已存在，则返回 false；如果文件不存在，则创建此文件

2. 关闭文件

对文件操作结束后，应该关闭这个文件，因为打开的文件会占用系统资源，同时如果不关闭，也容易引起错误。PHP 中使用 fclose()函数实现文件的关闭。语法格式如下：

```
bool fclose(resource $handle)
```

功能：关闭参数 handle 指向的文件，关闭成功返回 true，失败返回 false。

例 4-4 文件打开与关闭。

```php
<?php
//设置要打开的文件，没有指定路径，则默认为当前路径
$TxtFileName="Demo.txt";
//以读写方式打开文件，如果文件不存在，则创建此文件
$TxtRes=fopen($TxtFileName,"w+");
if(!$TxtRes){              //若$TxtRes 是 false，说明文件打开失败
  echo("创建可写文件："  .$TxtFileName."失败");
  exit();                 //终止程序，并退出当前脚本
}
echo ("创建可写文件" .$TxtFileName."成功! </br>");
var_dump($TxtRes);
fclose($TxtRes);          //关闭文件
?>
```

运行此程序，结果如图 4-4 所示。文件打开正常，存放在变量$TxtRes 中的是一个资源变量。

图 4-4　浏览当前目录内容

例 4-4 的文件打开方式是 "w+"，因此即使指定的文件不存在，系统也会创建一个文件，所以打开一般不会出错。但是，若使用 "r" 方式打开一个不存在的文件时，就会报错。例如，下面的代码中打开的 welcome.txt 文件，若当前目录下没有这个文件，则运行时系统会报错，同时会输出 "Unable to open file!" 的消息。

```php
<?php
$file=fopen("welcome.txt","r") or exit("Unable to open file!");
?>
```

4.2.2　写入文件内容

向文件中写入数据，先把文件以 "写" 的方式打开，然后使用 fwrite()函数或者 file_put_contents()函数向文件中写入数据。

把数据存放到文件中时，数据格式可以由用户根据需要决定。例如，数据按行存放，一条记录保存为文件的一行，以换行符 "\n" 作为行的结束。一行数据的各数据项之间可以使用自定义符号（如逗号）分隔。

1. fwrite()函数

fwrite()函数的语法格式如下：

```
int fwrite(resource $handle,string $string[,length])
```

功能：将参数 string 的内容写入 handle 文件指针指向的文件中。写入成功返回写入的字节数，出错则返回 false。

例 4-5 用 fwrite()函数给文件写入数据。

```php
<?php
$myfile=fopen("welcome.txt ","w") or die("Unable to open file!");
$txt="Lucy\n";
fwrite($myfile,$txt);
$txt="Steve Jobs\n";
fwrite($myfile,$txt);
fclose($myfile);
?>
```

该程序执行后，给当前目录下的 welcome.txt 文件中写入两行数据。若文件打开失败，则执行 die()函数，输出提示字符串后终止程序运行。

2. file_put_contents()函数

file_put_contents()函数的语法格式如下：

```
int file_put_contents(string filename,string data[,int flags[,resource context]])
```

各参数含义说明如下。

filename：指定写入的文件名。

data：指定写入的数据。

flags：实现对文件的锁定，可选值为FILE_USE_INCLUDE_PATH、FILE_APPEND 和 LOCK_EX（独占锁定）。如果设置了 FILE_USE_INCLUDE_ PATH，将检查 *filename* 副本的内置路径；如果设置了 FILE_APPEND，将移至文件末尾，否则，将会清除文件的内容；如果设置了 LOCK_EX，将锁定文件。

context：一个 context 资源。

该函数访问文件时，遵循以下规则：

1）如果文件不存在，将创建一个文件。

2）打开文件。

3）向文件中写入数据。

4）关闭文件并对所有文件解锁。

> **注意** fwirte()函数虽然具有写入功能，但是如果没有 fopen()函数和 fclose()函数的支持，它就不能完成文件的写入操作。file_put_contents()函数则可以独立完成文件的写入操作。

例 4-6 使用 file_put_contents()函数给文件写入数据。该例中，共给文件写入三行数据，数据之间使用逗号分隔。源代码如下：

```php
<?php
$filename='./kaoshi/kaoshi.txt';
$data="1901,张力\n1902,李琦\n903,王浩\n ";
 //向文件追加写入内容
 //使用 FILE_APPEND 标记，可以在文件末尾追加内容
 //LOCK_EX 标记可以防止多人同时写入
file_put_contents($filename,$data,FILE_APPEND | LOCK_EX);
?>
```

运行该程序，在当前目录下的 kaoshi 文件夹中创建 kaoshi.txt 文件，文件内容如图 4-5 所示。若运行程序之前该文件已经存在，则会在文件内容后追加数据。

图 4-5　浏览当前目录内容

4.2.3 读取文件

利用 PHP 提供的文件处理函数可以读取单个字符、单行数据或者整个文件，也可以读取任意长度的字符串。

1. 读取任意长度

fread()函数可以在打开的文件中读取指定长度的数据。该函数的语法格式如下：

PHP 读取文件
（微课）

```
string fread(resource $handle,int $length)
```

说明：其中$handle 是通过 fopen()函数创建的文件资源；$length 指定读取的最大字节数。fread()函数可以从文件中读取指定长度的数据，当读取了$length 个字节或者读取到文

件末尾（EOF）时会停止读取，并返回所读取到的字符串。如果读取失败，则返回 false。

例 4-7 用 fread()函数读文件内容。源代码如下：

```php
<?php
    $filename="./welcome.txt";
    $handle=fopen($filename,"r")or die("Unable to open file!");
    $contents=fread($handle,'16');
    echo '从文件中读取 16 个字符长度: '.$contents.'<br>';
    rewind($handle);          //移动文件指针到文件开始
    $contents=fread($handle, filesize($filename));
    echo '读取全部的文件内容: '.$contents;
    fclose($handle);
?>
```

运行该程序，读取当前目录下的 welcome.txt 文件内容。若该文件不存在，则会报错。

> **注意** fread()函数会从文件指针的当前位置读取。使用 rewind()函数可以移动指针位置到文件开始处。filesize()函数用于查看文件字节数。

2. 读取整个文件

file()函数和 readfile()函数都可以读取整个文件的内容。

（1）readfile()函数

readfile()函数的语法格式如下：

```
int readfile(string $filename[,bool $use_incllude_path[,resource $context]])
```

功能：从 filename 指定的文件名中读取整个文件内容到浏览器。如果失败，则返回 false。

例 4-8 用 readfile()函数读文件内容。源代码如下：

```php
<?php
  $num=readfile("./kaoshi/kaoshi.txt");
  echo "<br/>读到的字节数:".$num;
?>
```

运行结果如图 4-6 所示。

图 4-6　读取 kaoshi.txt 文件内容

（2）file()函数

file()函数的语法格式如下：

```
array file ( string $filename [,int $flags=0 [,resource $context]])
```

功能：把文件内容读入一个数组中。数组中的每个元素都是文件中相应的一行（包括换行符在内）。

例 4-9 用 file()函数读取文件内容。源代码如下：

```php
<?php
  $kaosheng=file("./kaoshi/kaoshi.txt");  //将文件内容读到数组中
  foreach($kaosheng as $i)                //遍历数组
  {
    echo "$i<br/>";                        //输出数组元素，即文件中的一行
  }
?>
```

运行结果如图 4-7 所示。

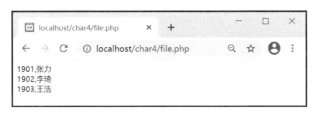

图 4-7　用 file()函数读取 kaoshi.txt 文件内容

3. 读取一行数据

fgets()函数可以在打开的文件中读取一行数据。该函数的语法格式如下：

```
string fgets(resource $handle[,int $length])
```

功能：从参数 handle 指向的文件中读取一行内容，当遇到换行符 "\n"、EOF 或者已经读取了$length-1 字节后停止。可选参数 length 表示读取的最大字节数。如果省略 $length 参数，则默认读取 1024 字节。

例 4-10 用 fgets()函数读文件一行数据。源代码如下：

```php
<?php
  $filename="./kaoshi/kaoshi.txt";
  $handle=fopen($filename,"r")or die("Unable to open file!");
  $data-fgets($handle);
  echo $data;
  fclose($handle);
?>
```

运行结果如图 4-8 所示。

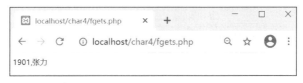

图 4-8　用 fgets()函数读取文件一行数据

如果使用 fgets ()函数读取整个文件内容，则需要配合循环结构完成。循环的控制条件是否已到达文件末尾可以使用 feof()函数检测。该函数的语法格式如下：

```
bool feof(resource $handle)
```

功能：检测参数 handle 所指向的文件的指针是否已到达文件末尾（EOF）。如果文件指针到达 EOF 或者出错时，返回 true，否则返回 false。

例 4-11 用 fgets()函数读文件内容。源代码如下：

```php
<?php
  $filename="./kaoshi/kaoshi.txt";
```

```php
$handle=fopen($filename,"r")or die("Unable to open file!");
while(!feof($handle)){        //文件未结束
 $data=fgets($handle);        //读取文件一行，指针自动下移
 echo $data."<br/>";
 }
 fclose($handle);
?>
```

运行结果如图 4-9 所示。

图 4-9　用 fgets()函数读取文件内容

4. 读取一个字符

fgetc()函数可以在打开的文件中读取一个字符。该函数的语法格式如下：

```
string fgetc(resource $handle)
```

功能：从参数 handle 指向的文件中读取一个字符，并返回该字符。如果遇到 EOF，则返回 false。

例 4-12 用 fgetc()函数读取文件内容。源代码如下：

```php
<?php
 $filename="./kaoshi/kaoshi.txt";
 $handle=fopen($filename,"r")or die("Unable to open file!");
 while(!feof($handle)){   //文件未结束
 $char=fgetc($handle);  //读取文件一个字符，指针自动下移
 echo $char=="\n"?"<br/>":$char;
 }
 fclose($handle);
?>
```

程序中使用条件运算符判断读取的字符，若是"\n"，则输出"
"，运行结果如图 4-10 所示。

图 4-10　用 fgetc()函数读取文件内容

4.2.4　文件指针

在对文件进行读写的过程中，有时需要在文件中跳转、在不同位置读取，以及将数据写入不同的位置，这就需要移动文件指针。指针的位置是以从文件头开始的字节数度量的，默认以不同模式打开文件时，文件指针通常在文件的开头或结尾处，可以通过

ftell()、fseek()和 rewind()三个函数对文件指针进行操作。

1.　ftell()函数

语法格式：int ftell(resource $handle)

函数功能：返回参数 handle 所指向文件的指针当前位置。

2.　fseek()函数

语法格式：int fseek(resource $handle,int $offset[,int $whence])

函数功能：移动参数 handle 所指向的文件的指针到 offset 的指定位置。可选参数 $whence 可能的值有如下几种。

SEEK_SET：设定位置等于 offset 字节，默认。

SEEK_CUR：设定位置为当前位置加上 offset。

SEEK_END：设定位置为文件末尾加上 offset，要移动到文件尾之前的位置，offset 必须是一个负值。

3.　rewind()函数

语法格式：bool rewind(resource $handle)

函数功能：移动文件指针到 handle 所指向的文件的起始位置。执行成功返回 true，否则返回 false。

例 4-13　文件指针操作。源代码如下：

```php
<?php
$filename="./kaoshi/kaoshi.txt";
$fp=fopen($filename, "r")or die("Unable to  open file!"); //打开文件
echo ftell($fp)."<br>";        //返回刚打开文件时文件指针的默认位置：0
$data=fgets($fp,10);           //读取文件的前 10 个字符，指针将发生变化
echo ftell($fp)."<br>";        //指针位置：9
fseek($fp,5,SEEK_CUR);         //移动指针到当前位置加 5 字节
echo ftell($fp)."<br>";        //指针位置：14
rewind($fp);                   //移动指针到文件的起始位置
echo ftell($fp)."<br>";        //指针位置：0
?>
```

程序运行结果如图 4-11 所示。

图 4-11　文件指针操作结果

任务 4.3　文件上传与下载——考试报名系统

【**任务描述**】考试报名系统中需要上传考生照片。照片类型限定为.jpg 或者.jpeg，大小在 20KB 以内，上传到 kaoshi/photo 文件夹中，照片的名字使用考生的学号命名。

【**任务分析**】根据功能描述制作报名页面，让考生填写学号、姓名并上传照片。使

用 PHP 获取传递的表单数据后，把照片存放到指定目录中。

■ 任务相关知识与实施

在动态网站中，文件上传与下载是常用功能，用户可以通过浏览器将文件上传到服务器指定目录，也可以将服务器上的文件下载到客户端计算机上。例如，考试报名系统中需要提供考生照片上传功能等。

表单数据传递一
（微课）

4.3.1 制作上传表单

要上传文件到服务器，可以通过在表单中提供文件域 file 实现。含有文件域的表单，必须使用表单的 post 方式，同时表单的数据编码 enctype 属性应设为 multipart/form-data 才能完整地传递文件数据。enctype 属性规定了在提交表单时要使用哪种内容类型。在表单需要提交二进制数据时，使用 "multipart/form-data"。

表单数据传递二
（微课）

例 4-14 制作文件上传表单。源代码如下：

```
<form action="upload.php" method="post" enctype="multipart/form-data">
<label for="file">选择要上传的文件：</label>
<input type="hidden" name="MAX_FILE_SIZE" value="102400">
 <input type="file" name="picture" required><br>
 <input type="submit" name="submit" value="上传">
</form>
```

表单使用了隐藏域 MAX_FILE_SIZE，其值为 102 400 字节，用来限制上传文件的大小。要注意的是，需将定义 MAX_FILE_SIZE 的表单控件放置在文件域之前，否则无法实现 MAX_FILE_SIZE 限制上传文件的大小。

当表单中有多个文件上传框时，可以使用隐藏域 MAX_FILE_SIZE 限制每个上传文件的大小。该表单提交后，由 upload.php 脚本对提交的数据进行处理。

4.3.2 文件上传

在 PHP 获取上传文件时，使用$_FILES 二维数组来存储上传文件的信息，该数组的一维保存的是该上传文件的名字，二维保存的是该上传文件的具体信息。

文件上传一
（微课）

1. $_FILES

使用$_FILES 可以获取上传文件的相关信息。$_FILES 是一个超级全局变量数组，该数组的"键"名是文件上传框的名字。以例 4-14 中 picture 的文件上传框为例，上传后的文件信息使用以下形式获取。

文件上传二
（微课）

1）$_FILES["picture"]["name"]：上传文件的原文件名。

2）$_FILES["picture"]["size"]：上传文件的大小，单位为字节。

3）$_FILES["picture"]["tmp_name"]：文件上传到服务器端的临时文件名。

4）$_FILES["picture"]["type"]：上传文件的 MIME 类型，它是描述消息内容类型的因特网标准。MIME 消息能包含文本、图像、音频、视频以及其他应用程序专用的数据，常用的值如下。

text/plain：表示普通文本。

text/html：表示 HTML 格式文件。

application/msword：表示 Word 文件。

image/gif：表示 GIF 图像。

image/jpeg：表示 JPEG 图像。

audio/mpeg：表示 MP3 文件。

5）$_FILES["picture"]["error"]：上传文件上传过程中产生的状态代码，有 5 种取值，如表 4-3 所示。

表 4-3　状态代码及其含义

状态码	表示的含义
0	表示没有错误发生，文件上传成功
1	文件大小超过了 php.ini 中 upload_max_filesize 项设置的值
2	文件大小超过了表单中隐藏域 MAX_FILE_SIZE 指定的值
3	文件只有部分被上传
4	表单中没有选择上传文件

2. php.ini 中与文件上传相关的配置

在 php.ini 的配置文件中有一系列相关文件配置信息。

1）file_uploads 项：设置是否允许通过 HTTP 上传文件，默认值是 On。

2）upload_tmp_dir 项：设置 PHP 上传文件的过程中产生临时文件的目录，默认值是"c:/xampp/tmp"。

3）upload_max_filesize 项：设置当前表单中文件上传框允许上传文件的最大值，默认为 64MB。

4）post_max_size 项：使用 post 方式提交表单数据时，post_max_size 项用于设置 PHP 预处理器能够接受的最大表单数据大小，默认为 3MB。

3. move_uploaded_file ()函数

文件上传后，默认存储在临时目录中，需要将其从临时目录中移动到指定目录。使用 PHP move_uploaded_file ()函数可以完成移动操作。该函数语法格式如下：

```
bool move_uploaded_file(string $filename,string $destination)
```

函数功能：将上传过程中文件名为 filename 的临时文件移动到 destination 指定的文件中，确保文件成功上传。如果 filename 不是合法的临时文件，不会执行任何操作，函数将返回 false。

例 4-15 实现文件上传。脚本程序 upload.php 的代码如下：

```php
<?php
$mypicture=$_FILES["picture"];
$error=$mypicture["error"];
switch($error){
 case 0:
    $mypicturename=$mypicture['name'];
    $mypicturetemp=$mypicture["tmp_name"];
     //定义文件存放的目标位置和文件名
```

```
            $dir="./uploads";
            if(!is_dir($dir)){mkdir($dir);}  //若目录不存在，创建目录
             $destination="{$dir}/".$mypicturename;
              //把文件从临时目录移动到指定位置
             move_uploaded_file($mypicturetemp,$destination);
             echo "上传成功! <br />";
             break;
         case 1:
         echo "文件大小超过 php.ini 中 upload_max_filesize 项设置的值。";
         break;
         case 2:
          echo "文件大小超过了表单中隐藏域 MAX_FILE_SIZE 指定的值。";
          break;
         case 3:{ echo "文件部分被上传";   break; }
         case 4:{ echo "没有选择上传文件"; break; }
     }
     ?>
```

该程序把用户上传的文件移动到当前目录下的 uploads 文件夹中。先运行上传表单程序，如图 4-12 所示，选择要上传的文件后，单击"上传"按钮，出现如图 4-13 所示的结果。可以在当前目录下的 uploads 文件夹中查看已经上传的文件，上传文件的类型不受限制。

图 4-12　文件上传表单界面

图 4-13　文件上传结果

如果上传的文件超过了指定大小，则程序会给出相应提示信息，文件不能上传到服务器。

4.3.3　考试报名系统实现

根据下面的功能要求，完成一个线上考试报名系统。

功能要求：在考试报名页面中输入考生学号、姓名并上传考生照片。在服务器端获取考生信息后，把学号和姓名保存在当前目录下的 kaoshi/baoming.txt 文件中，考生照片上传到 kaoshi/photo 文件夹中，考生照片的名字使用考生的学号命名，照片类型限定为.jpg 或者.jpeg，大小在 20KB 以内。

例 4-16　考试报名系统实现。新建一个名为 baoming.php 文件，其源代码如下：

```php
<!doctype html>
<html>
<head><meta charset="utf-8"><title>报名</title></head>
<body>
    <h2>考试报名</h2>
 <form action="" method="post" enctype="multipart/form-data">
   学号: <input type="text" name="xh"  required><br>
   姓名: <input type="text" name="name"  required><br>
   <input type="hidden" name="MAX_FILE_SIZE" value="20480">
   上传你的照片(.jpg 类型,不超过 20KB,照片用你的学号命名)
   <input type="file" name="photo" size="25" maxlength="100" /> <p>
   <input type="submit" value="确定" name="queding"/>
   <input type="reset" value="取消" />
  </form>
<?php
 if(isset($_POST["queding"])){
 if($_FILES["photo"]["error"]==0){
   if($_FILES['photo']['type']==="image/jpg" or $_FILES['photo']['type']
==="image/jpeg")                 //检查图片类型是否合格
    {
    $xh=$_POST["xh"];              //获取学号
    $xingming=$_POST["name"];      //获取姓名
    $dir="./kaoshi";              //定义 baoming.txt 文件存放目录
    $imgdir="./kaoshi/images";    //定义照片存放目录
    if(!is_dir($dir)){mkdir($dir);}       //若目录不存在,创建目录
    if(!is_dir($imgdir)){mkdir($imgdir);} //若目录不存在,创建目录
    //移动照片,并把照片重命名为学号
    move_uploaded_file($_FILES['photo']['tmp_name'],"{$imgdir}/
".$xh.".jpg");
    //把学号和姓名写入文件中
    $filename="{$dir}/baoming.txt";
    $fp=fopen($filename,"a");
    if(!$fp){ echo "报名文件创建失败!"; exit;}
    fwrite($fp,"{$xh},{$xingming} \n");
     echo "报名成功!";
    fclose($fp);
     }else{
       echo "照片格式不对,要求是.jpg 类型,请重新上传!";
       }
     }else{
       echo "照片上传出错,请重新上传!";
       }
   }
 ?>
</body>
</html>
```

该程序运行结果如图 4-14 所示。用户填写完报名数据后,选择符合要求的图片文件,单击"确定"按钮后,出现如图 4-15 所示"报名成功"页面,同时在当前目录下的 kaoshi 文件夹中可以看到生成的 baoming.txt 文件(其内容填写的是学号和姓名)和 images 文件夹,上传的图片文件就保存在这个 images 文件夹中。

若照片选择不合格，则会给出错误提示，数据不会提交。

通过该案例能够看出，文件上传的关键是使用$_FILES 获取文件，使用 move_uploaded_file()函数把临时文件转换为正式文件。

图 4-14　报名页面

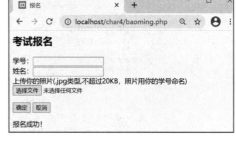

图 4-15　报名成功页面

4.3.4　文件下载

浏览器对于可识别的文件格式（如 html、txt、png、jpg 等），默认是直接打开的，对于无法识别的文件才作为附件来下载。header()函数结合 readfile()函数可以下载文件。

header()函数向客户端发送原始的 HTTP 报头，报头指定了网页内容的类型等信息，其语法格式如下：

```
header ( string $string [,bool $replace=true[,int $http_response_ code ]] )
```

说明：string 表示头字符串。可选参数 replace 表明是否用后面的头替换前面相同类型的头，在默认情况下会替换。如果传入 false，就可以强制使相同的头信息并存。http_response_code 强制指定 HTTP 响应的值，这个参数只有在报文字符串（string）不为空的情况下才有效。

例 4-17 下载图片。新建一个名为 download.php 的文件，实现图片下载。该程序下载的是服务器上当前目录下 kaoshi/image/1901.jpg 的图片。文件源代码如下：

```
<a title="单击下载" href="download.php?flag=1">
 <img src="./kaoshi/images/1901.jpg">
</a>
<?php
 if(isset($_GET["flag"])){
  //设置要下载的源文件和类型
 $filename="./kaoshi/images/1901.jpg";  //设置要下载的源文件
 $filetype="image/jpg";                 //设置要下载的文件类型
 ob_clean();  //如果要下载的是图片，要先使用此函数清空缓存
 //指定文件以附件方式下载
 header("Content-Disposition:attachment;filename={$filename}");
 //指定被下载文件的类型
 header("Content-Type:{$filetype}");
 //指定被下载文件的大小
 header("Content-Length:".filesize($filename));
 //将内容读入内存缓冲区
 readfile($filename);
 }
?>
```

程序运行时，用户的服务器上要有该文件存在。在页面先显示该图片，当指向图片时，出现提示文字"单击下载"，如图 4-16 所示，单击图片就可以下载到本地计算机。

图 4-16　文件下载页面

例 4-18　下载文本文件。新建一个名为 downloadtxt.php 的文件，实现下载。该程序下载的是服务器上当前目录下 kaoshi/baoming.txt 的文本文件。文件源代码如下：

```php
<a href="downloadtxt.php?flag=1"> 单击下载</a>
<?php
if(isset($_GET["flag"])){
  $filename="./kaoshi/baoming.txt";  //设置要下载的源文件
  $filetype="text/plain";            //设置要下载的文件类型
  ob_clean();  //如果要下载的是图片，要先使用此函数清空缓存
  //指定文件以附件方式下载
  header("Content-Disposition:attachment;filename={$filename}");
  //指定被下载文件的类型
  header("Content-Type:{$filetype}");
  //指定被下载文件的大小
  header("Content-Length:".filesize($filename));
  //将内容读入内存缓冲区
  readfile($filename);
  }
?>
```

程序运行时，用户的服务器上要有该文件存在。在页面先显示"单击下载"超链接，如图 4-17 所示，单击链接就可以将文件下载到本地计算机。

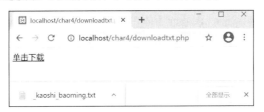

图 4-17　文件下载页面

通过文件的上传下载功能，能够实现服务器与远程客户端之间的文件传递。

项目总结

本项目主要介绍使用 PHP 函数对外部文件和目录的操作方法，通过 PHP 目录操作函数实现创建目录、测试目录是否存在、浏览目录内容等。对文件的操作包括使用 fopen()

函数打开文件，使用 fclose()函数关闭文件等。还学习了通过表单把文件从客户端上传到服务器端的方法，在上传文件时，通过系统变量$_FILES 获取上传文件的属性，使用 move_uploaded_file()函数把文件移动到指定目录。通过该项目的学习，可掌握从远程获取文件并进行本地存储的方法。

项目测试

知识测试

一、选择题

1. 用来测试目录是否存在的函数是（　　）。
   A. mkdir 　　 B. rmdir 　　 C. is_dir 　　 D. readdir
2. PHP 中创建目录的函数是（　　）。
   A. mkdir 　　 B. rmdir 　　 C. is_dir 　　 D. readdir
3. 对文件操作之前，使用（　　）函数打开文件。
   A. fopen 　　 B. fcolse 　　 C. fread 　　 D. fwrite
4. 用于关闭文件的 PHP 函数是（　　）。
   A. fopen 　　 B. fcolse 　　 C. fread 　　 D. fwrite
5. 在读取文件内容时，使用（　　）函数判断文件是否结束。
   A. fopen 　　 B. fcolse 　　 C. feof 　　 D. fread
6. 用来查看文件指针位置的函数是（　　）。
   A. ftell 　　 B. fseek 　　 C. rewind 　　 D. feof
7. 在表单中使用隐藏域可以在网页之间传递数据，隐藏域的 type 值是（　　）。
   A. text 　　 B. hidden 　　 C. password 　　 D. submit
8. 文件上传时，使用的文件域的 type 值是（　　）。
   A. password 　　 B. hidden 　　 C. file 　　 D. submit
9. PHP 使用变量（　　）获取客户端通过文件域传递的文件。
   A. $_POST 　　 B. $_FILES 　　 C. $_GET 　　 D. $_REQUEST
10. 下面属性中，（　　）是保存上传文件名为 photo 的文件类型。
    A. $_FILES["photo"]["name"] 　　 B. $_FILES["photo"]["size"]
    C. $_FILES["photo"]["tmp_name"] 　　 D. $_FILES["photo "]["type"]
11. 文件上传过程中，状态代码 error 的取值为（　　）代表文件上传成功。
    A. 0 　　 B. 1 　　 C. 2 　　 D. 3
12. 下面（　　）是图片文件的 MIME 类型。
    A. text/html 　　 B. image/jpeg 　　 C. audio/mpeg 　　 D. application/msword

技能测试

编程实现一个简单的投票计数器，首次运行网页如图 4-18 所示。选择投票对象后，单击"提交"按钮，出现如图 4-19 所示页面显示本次投票结果。单击"查看结果"超链接，出现如图 4-20 所示截至目前的投票结果页面。

图 4-18　投票页面　　　　　　　　　　图 4-19　单击"提交"按钮后的页面

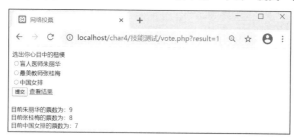

图 4-20　"查看结果"页面

编程思路如下：

1）制作表单，给出投票页面。

```
<form action="" method="get">
 选出你心目中的楷模
<input type="radio" name="vote" value="1" />盲人医师朱丽华
  <input type="radio" name="vote" value="2" />最美教师张桂梅
  <input type="radio" name="vote" value="3" />中国女排</label></td>
</tr>
  <tr><td><input type="submit" name="tijiao" value="提交"/>
  <a href='vote.php?result=1'>查看结果</a>
  </form>
```

2）使用外部文件存放投票结果。

文件中，存放用逗号分隔的三个数字，从左到右分别表示三人的票数。第一次投票时，若文件不存在，则创建文件并初始化三人的票数为 0。

```
$votes="votes.dat";
if(!file_exists($votes)){
    $fp=fopen($votes,"w");
    fwrite($fp,"0,0,0");
    fclose($fp);
}
```

3）每当投票时依次读取文件的内容，给被投票的人的票数加 1。然后输出这个人的当前票数，再把新的票数写入文件中。

```
if(isset($_GET["tijiao"])){
    if(isset($_GET["vote"])){
    $vote=$_GET["vote"];
    $fp=fopen($votes,"r+");
    $str=fgets($fp);
    fclose($fp);
    $votearr=explode(",",$str);
```

```
        echo "投票完毕! ";
        switch($vote){
            case "1":$votearr[0]++;
                    echo "目前朱丽华的票数为: $votearr[0]";
                    break;
            case "2":$votearr[1]++;
                    echo "目前张桂梅的票数为: $votearr[1]";
                    break;
            case "3":$votearr[2]++;
                    echo "目前中国女排的票数为: $votearr[2]";

        }
        $str2=implode(",",$votearr);
        $fp=fopen($votes,"w");
        fwrite($fp,$str2);
        fclose($fp);
```

4）编程实现"查看结果"超链接对应的代码，其核心思想是从文件中读取内容并显示在网页上。

```
    if(isset($_GET["result"])){
        $fp=fopen($votes,"r");
        $str=fgets($fp);
        fclose($fp);
        $votearr=explode(",",$str);
        echo "<br/>目前朱丽华的票数为: $votearr[0]";
        echo "<br/>目前张桂梅的票数为: $votearr[1]";
        echo "<br/>目前中国女排的票数为: $votearr[2]";
    }
```

请根据上面的思路，编制完整程序并调试运行。

学习效果评价

序号	评价内容	个人自评	同学互评	教师评价
1	能够使用 PHP 函数创建目录和管理目录			
2	能够创建 PHP 文件并写入数据			
3	能够从文件中读取数据			
4	能够综合应用文件保存数据			
5	能够综合应用表单和文件域实现文件上传			
6	举一反三：根据所学理论，学以致用，完成基本功能			
7	创新精神：自主学习，实验中有创新内容			
8	严谨治学：修改程序错误，使之正确运行			
评价标准				
A：能够独立完成，熟练掌握，灵活应用，有创新				
B：能够独立完成				
C：不能独立完成，但能在帮助下完成				
项目综合评价：>6 个 A，认定优秀；4~6 个 A，认定良好；<4 个 A，认定及格				

PHP 面向对象编程

知识目标 ☞	• 理解 PHP 面向对象编程思想。
	• 学习创建类和创建对象的方法。
	• 了解 PHP 魔术方法。
	• 理解类的封装、继承与多态。
技能目标 ☞	• 能够创建类并初始化对象。
	• 能够初步使用面向对象编程的方法编写程序。
	• 能够用面向对象的思想编程解决实际问题。
思政目标 ☞	• 培养抽象思维能力。
	• 培养自主学习能力。

PHP 支持面向对象编程，这种软件开发思想模拟了人类对于客观世界的认识。在面向对象的程序设计（object-oriented programming，OOP）中，对象是一个由信息及对信息进行处理的方法所组成的整体，是对现实世界的抽象。面向对象编程就是把解决问题的事物分解成一个一个对象，然后描述在解决整个问题过程中对象所发生的行为。通过本项目的学习，主要让读者了解 PHP 面向对象编程方法，并学习使用这种思想编写程序。

任务 5.1　认识类与对象

【任务描述】学习 PHP 面向对象的编程思想，学习创建类与对象的创建方法，并在创建对象的同时初始化对象。

【任务分析】PHP 使用关键字 class 定义一个类，使用关键字 new 创建类的实例，即对象。使用构造函数 construct 实现对象的初始化。

PHP 类与对象
（微课）

■ 任务相关知识与实施

类和对象是面向对象编程的两个核心概念。在现实世界里我们所面对的事情都是对象，如学校、教室、学生、汽车等。这些具有一定功能和特征的单个事物，就是对象。

在面向对象的编程语言中，类是一个独立的程序单位，是具有相同属性和方法的一组对象的集合。简单来说，类用来表示一个客观世界的某类群体，有类的属性和类的方法。例如，汽车（Car）类，包括三个属性：品牌、颜色和价格；包括两个方法：行驶和加油。类与对象的关系可以简单描述为：类是对象的抽象，对象是类的一个实例，一个类可以产生多个对象。

5.1.1　定义类与对象实例化

定义一个类时，要把事物的属性和行为包含在类中。属性用于描述事物的特征，行为用于描述事物的动作，行为通过方法实现。

1. 定义类

在 PHP 中使用 class 关键字定义一个类，类名的首字母要求大写，类中包含成员属性和成员方法。成员属性用来表示类的静态特征，它作用于整个类，因此在类的方法之外进行声明。定义类的基本格式如下：

```
class 类名{
  //成员属性
  //成员方法
}
```

在该格式中，使用 class 关键字后加上类名定义类。在类名后的一对大括号"{}"内可以定义成员属性和成员方法。类的变量使用 var 来声明，成员方法使用 function 来声明。

例 5-1 创建 Car 类。源代码如下：

```php
<?php
 //创建类：静态属性和动态方法
class Car{
  var $title;    //定义静态属性：品牌名
  var $color;    //定义静态属性：颜色
  var $price;    //定义静态属性：价格
  function run(){
     echo "汽车在行驶";
  }
  function gas(){
     echo "汽车在加油";
  }
}
?>
```

2. 对象实例化

对象是类的一个实例。定义好类后，可以使用类创建对象。PHP 中使用关键字 new 创建一个对象，其语法格式如下：

```
对象名=new 类名()
```

例如，$jeep=new Car(); 就是创建 Car 类的一个对象$jeep，$jeep 是一个对象类型的变量，拥有类的属性和方法。

3. 使用对象

创建对象的目的是使用对象，对象拥有自己所属类的属性和方法。通过对成员变量的访问，可以设置对象的静态特性；通过对成员方法的调用，可以让对象完成一定的功能。

PHP 中对象引用属性和方法的形式如下：

```
对象名->属性名
对象名->方法名[<实际参数列表>]
```

例 5-2 使用 Car 类实例化一个对象。新建一个名为 objectcar.php 文件，源代码如下：

```php
<?php
 //创建 Car 类：静态属性和动态方法
class Car{
    var $title;      //定义静态属性：品牌名
    var $color;      //定义静态属性：颜色
    var $price;      //定义静态属性：价格
    function run(){
        echo "汽车在行驶";
    }
    function gas(){
        echo "汽车在加油";
    }
}
 //创建对象
    $jeep=new Car();
 //给对象设置属性
    $jeep->title="北京吉普 BJ40";
    $jeep->color="红色";
    $jeep->price=175000;
 //访问属性
    echo $jeep->color;
    echo $jeep->title;
 //调用方法
    $jeep->run();
    echo "<br/>";
    $jeep->gas();
?>
```

程序的运行结果如图 5-1 所示。

图 5-1　运行结果

例 5-2 使用 Car 类创建了一个新对象$jeep，效仿此例，可以再创建一个新的对象，例如，$car2=ncw Car();，进行属性设置及方法调用等。

5.1.2　构造函数

为了在创建对象的同时给对象进行初始化，PHP 提供了构造函数。

1. 构造函数简介

构造函数是一种特殊的方法，也叫构造方法，主要用来在创建对象时初始化对象，即为对象成员变量赋初始值，在创建对象时与 new 运算符一起使用，系统会自动调用执行构造函数。构造函数的语法格式如下：

```
void __construct([mixed agrs[,…]])
```

> **注意** 构造函数名以两个下划线开始。

例 5-3 定义含有构造方法的 Car 类。新建一个名为 construct.php 文件，源代码如下：

```php
<?php
class Car{
    var $title;      //定义静态属性：品牌名
    var $color;      //定义静态属性：颜色
    var $price;      //定义静态属性：价格
//定义构造方法
    function __construct($mytitle,$mycolor,$myprice){
     $this->title=$mytitle;
     $this->color=$mycolor;
     $this->price=$myprice;
    }
    function run(){
        echo $this->title,"汽车在行驶";
    }
    function gas(){
        echo $this->title,"汽车在加油";
    }
}
//创建对象并自动调用构造函数给对象进行初始化
    $byd=new Car("比亚迪","白色",119800);
    $chery=new Car("奇瑞瑞虎","黑色",129900);
//访问属性和方法
    echo $byd->color;
    $byd->run();
    echo "</br>";
    echo $chery->color;
    $chery->gas();
?>
```

该例中定义了构造方法 __construct，它带有三个形式参数 $mytitle、$mycolor 和 $myprice。该 __construct 方法的功能：把形式参数赋值给调用该方法的那个对象的 title、color、price 属性。当使用关键字 new 实例化一个对象时，__construct 方法自动触发，并把 new 后面的三个实际参数的值传递给构造方法的形式参数。

运行结果如图 5-2 所示。

图 5-2　含有构造方法的程序运行结果

构造方法具有以下特点：

1）构造方法不是"显式"被调用，而是使用 new 关键字实例化对象时系统自动调用执行。

2）PHP 中构造方法还有另一种表示方式：构造方法名与类名相同。

例如，本例的构造方法定义也可以表示如下：

```
function Car($mytitle,$mycolor,$myprice){
    $this->title=$mytitle;
    $this->color=$mycolor;
    $this->price=$myprice;
}
```

3）构造方法没有返回值。

4）构造方法定义了几个形式参数，创建对象时使用的 new 在调用构造方法时就应该提供几个类型顺序一致的实际参数（形式参数有默认值的情况除外），用来指定所创建新对象的各成员变量的初始值。这样，通过不同的初始化参数即可以创建不同特性的同类对象。

由例 5-3 可以看出，使用构造方法实例化一个对象更为方便快捷。

2. $this 伪变量

关于 $this 伪变量，表示类所实例化的一个当前对象。由于在 PHP 中通常是先声明一个类，然后将其实例化为一个对象，但是在声明类时，一般无法事先得知对象名称，因此如果要在类的内部使用对象的属性或者方法，则可以用 $this 来指代实例化后的具体对象。

5.1.3　析构函数

析构函数也叫析构方法。与构造函数相反，当对象结束其生命周期（如对象所在的函数已运行完毕）时，系统会自动执行析构函数。

1. 析构函数简介

析构函数经常用来执行清理善后工作，如内存清理、释放等。析构函数的语法格式如下：

```
void __destruct(void)
```

> **注意**　析构函数名也以两个下划线开始。

例 5-4　析构函数。新建一个名为 destruct.php 文件，源代码如下：

```php
<?php
class Car{
    var $title;      //定义静态属性：品牌名
    var $color;      //定义静态属性：颜色
    var $price;      //定义静态属性：价格
//定义构造方法
    function __construct($mytitle,$mycolor,$myprice){
     $this->title=$mytitle;
     $this->color=$mycolor;
     $this->price=$myprice;
    }
    function run(){
       echo $this->title,"汽车在行驶";
    }
```

```
    function gas(){
        echo $this->title,"汽车在加油";
    }
//定义析构方法
    function __destruct(){
        echo "运行结束, ",$this->title,"</br>";
    }
}
//创建对象并自动调用构造函数给对象进行初始化
    $byd=new Car("比亚迪","白色",119800);
    $chery=new Car("奇瑞瑞虎","黑色",129900);
//访问属性和方法
    echo $byd->color;
    $byd->run();
    echo "</br>";
    echo $chery->color;
    $chery->gas();
    echo "</br>";
?>
```

图 5-3   含有析构方法的程序运行结果

运行结果如图 5-3 所示。

观察程序运行结果，对比分析源程序，可以得出以下结论：

1）析构函数与构造函数一样，由系统调用执行。

2）使用构造函数和析构函数时，需要特别注意对它们的调用时间和调用顺序。在一般情况下，调用析构函数的次序正好与调用构造函数的次序相反：最先被调用的构造函数，其对应的对象的析构函数最后被调用，而最后被调用的构造函数，其对应的对象的析构函数最先被调用。

例如，本例中先创建的$byd 对象，后创建的$chery 对象。在程序运行结束时，$chery 对象比$chery 对象先调用析构函数。可以简记为先构造的后析构，后构造的先析构，它相当于一个栈，先进后出。

2. 销毁变量

如果想明确地销毁一个对象，通常将变量赋值为 NULL 或者调用 unset。修改例 5-4 中的对象初始化部分代码如下：

```
//创建对象并自动调用构造函数给对象进行初始化
    $byd=new Car("比亚迪","白色",119800);
    $byd=null;        //销毁$byd，自动调用析构函数
    $chery=new Car("奇瑞瑞虎","黑色",129900);
//访问属性和方法
    echo $chery->color;
    $chery->gas();
    echo "</br>";
```

修改后的程序运行结果如图 5-4 所示。由于$byd 对象先于$chery 对象销毁，因此调用析构函数先后次序比较前例发生了变化。

图 5-4　销毁对象自动调用析构函数运行结果

5.1.4　魔术方法和魔术常量

1. 魔术方法

PHP 中定义了以两个下划线"__"开头的一组函数，称为魔术方法（magic methods），这些函数不需要显式调用，而是由某种特定的条件触发。PHP 的魔术方法如表 5-1 所示。

表 5-1　PHP 的魔术方法

魔术方法	功能
__construct()	类的构造函数，当一个类被实例化的时候自动调用
__destruct()	类的析构函数，当脚本执行结束、销毁对象或重新定义对象时被调用
__get()	当读取不可访问或不存在属性时被调用
__set()	当给不可访问或不存在属性赋值时被调用
__isset()	当对不可访问属性调用 isset() 或 empty() 时调用
__unset()	当对不可访问属性调用 unset() 时被调用
__sleep()	当使用 serialize 时被调用，不需要保存对象的所有数据时很有用
__wakeup()	当使用 unserialize 时调用，可用于做某些对象的初始化操作
__toString()	当一个类被转换成字符串时被调用
__clone()	当进行对象 clone 时被调用，用来调整对象的克隆行为
__invoke()	当以函数方式调用对象时被调用
__setstate()	当调用 var_export() 导出类时被调用
__call()	当调用非 public 或不存在的方法时被调用
__autoload()	当使用尚未被定义的类时自动调用
__callStatic()	当调用不可访问或不存在的静态方法时被调用
__debugInfo()	当打印所需调试信息时被调用

在 PHP 中，对象的传递方式默认为引用传递，如果想要生成两个一样的对象或者复制一个对象，可以使用"克隆"。克隆出来的对象与原对象没有任何关系，它是把原来的对象从当前的位置重新复制了一份，相当于在内存中新开辟了一块空间。通过关键字 clone 可以克隆一个对象，语法格式如下：

```
$克隆对象名称=clone $原对象名称；
```

通过关键字 clone 克隆一个对象时自动调用__clone() 方法。

例 5-5 对象的克隆与引用。新建一个名为 clone.php 文件，源程序如下：

```php
<?php
//复制对象两种方法：克隆和引用
 class File{
//定义类的公共属性
```

```
        public $timeForcopy=0;
    //定义__clone方法
        function __clone()
        { $this->timeForcopy+=1;
         echo "对象已经被克隆</br>";
        }
    }
    $a=new File();
    echo "对象a: ";
    var_dump($a);
    $b=clone $a;        //克隆对象，克隆出的对象与原对象地址不一样
    echo "对象b: ";
    var_dump($b);
    $c=&$a;             //引用对象：相当于变量的传地址赋值，需要用"&"，通过传地址赋
值出来的地址是一样的！
    echo "</br>对象c: ";
    var_dump($c);
    ?>
```

程序运行结果如图 5-5 所示，可以看出，克隆对象时执行了__clone()方法；而引用对象时，对象虽然被复制，但是没有执行__clone()方法。

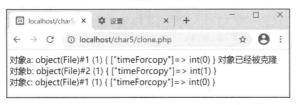

图 5-5 克隆对象与引用对象

2. 魔术常量

魔术常量常被用于获得当前环境信息或者记录日志等。PHP 有八个魔术常量，以两个下划线开始和结束，它们的值随着它们在代码中的位置改变而改变。魔术常量不区分大小写。

1）__LINE__，文件中的当前行号。

2）__FILE__，文件的完整路径和文件名，如果用在被包含的文件中，则返回被包含的文件名。

3）__DIR__，文件所在的目录，如果用在被包括文件中，则返回被包括的文件所在的目录。

4）__FUNCTION__，函数的名称。

5）__CLASS__，类的名称。

6）__TRAIT__，trait 的名字。

7）__METHOD__，类的方法名。

8）__NAMESPACE__，当前命名空间的名称。

例如，下面的程序使用了魔术常量。

```
<?php
  echo __line__;     //输出当前行号
```

```
        echo __file__;        //输出当前文件名
        echo __dir__;         //输出当前目录
    ?>
```

读者可以运行此程序，查看运行结果。

任务 5.2　类的封装、继承和多态

【任务描述】在面向对象编程时，为了保护类的属性不被外界随意赋值，通常把类属性设置为私有属性，添加可以供外界调用的方法实现封装。该任务主要学习如何封装类，如何实现类的继承以提高开发效率，以及通过多态提高程序的灵活性。

封装、继承和多态
（微课）

【任务分析】类的封装主要通过访问权限控制实现，PHP 中成员的访问权限有 public、private、protected。使用关键字 extends 实现类的继承。多态主要通过重载实现。

■ **任务相关知识与实施**

类有三个重要特性：封装性、继承性和多态性。

5.2.1　封装

封装是面向对象的核心思想，指将一个类的实现和使用分开，不需要让外界知道具体实现的细节，只保留有限的接口方法与外界联系。对于使用者来说，只需要知道这个类是如何使用的，而不用关心这个类是如何实现的。封装性可以防止类的成员被外界随意访问，导致设置或修改不合理的情况发生，使类的设置更加安全可靠。

1. 封装简介

PHP 中类的封装是通过在成员属性或者成员方法前面添加关键字 public、protected 或者 private 实现的，其作用范围描述如下。

public：表示公有的类成员，可以在任何地方被访问。

protected：表示受保护的类成员，可以被其自身以及其子类和父类访问。

private：表示私有的类成员，只能被其定义所在的类访问。

（1）属性的访问控制

类属性必须定义为 public、protected、 private 之一。如果属性用 var 定义，则被视为 public。

（2）方法的访问控制

类中的方法可以被定义为 public、protected、 private 之一。如果没有设置这些关键字，则该方法默认为 public。

<u>例 5-6</u>　属性控制。新建一个名为 fengzhuang.php 文件，定义 Stud 类，私有属性 name 和 score，源程序如下：

```
    <?php
    class Stud{
     private $name;      //私有属性
     private $score;     //私有属性
```

```
    function __construct($myname,$myscore){
        $this->name=$myname;
        $this->score=$myscore;
        }
    }
$stud1=new Stud("lihua",80);
echo $stud1->score;  //在类的外部引用私有属性
?>
```

程序运行时结果出错，如图 5-6 所示。分析错误原因，是因为在类外引用私有属性造成的。

图 5-6　在类外引用私有属性出错

要修改上面的错误，方法之一是把私有 private 修改为公共 public，但是这与封装的本意不符。方法之二是定义成员方法，可以在完全控制的同时提供间接访问，使得成员方法成为设置和读取属性值的唯一方法。

2. 定义成员方法访问类的私有属性

例 5-7 定义成员方法访问类的私有属性。新建一个名为 fengzhuang2.php 文件，给 Stud 类新增四个成员函数：setname()、getname()、setscore()和 getscore()，分别用于设置和读取类的私有属性。当在类的外部需要读写私有属性时，调用对应的方法完成。源代码如下：

```
<?php
class Stud{
    private $name;      //私有属性
    private $score;     //私有属性
    function __construct($myname,$myscore){
        $this->name=$myname;
        $this->score=$myscore;
        }
    //修改 score 属性
    function setscore($cj){$this->score=$cj; }
    //修改 name 属性
    function setname($stname){$this->name=$stname; }
    //读取 score 属性
    function getscore(){ return $this->score; }
    //读取 name 属性
    function getname(){ return $this->name; }
}
$stud1=new Stud("lihua",80);
echo $stud1->getscore();        //调用 getscore()读取私有属性
//修改成绩为 85
$stud1->setscore(85);           //调用 setscore()修改私有属性值
echo "修改后的成绩: ",$stud1->getscore();
?>
```

程序运行结果如图 5-7 所示。通过调用成员函数，实现对类的私有属性的设置和读取。

图 5-7　运行结果

3. 使用__get()和__set()方法获取和设置类的私有属性

在类的封装中，设置和获取属性可以通过自定义成员方法实现，但当一个类中有多个属性时，使用这种方式就会很麻烦。为此，PHP 中预定义了__get()和__set()方法，其中__get()方法用于获取私有成员属性值，__set()方法用于设置私有成员属性值。这两个方法获取或设置私有属性值时都是自动调用的。

__set()和__get()这两个方法需要手工添加到类中，与构造方法__construct()一样，在类中添加了才会存在。

例 5-8　使用__get()和__set()方法访问私有属性。新建一个名为 fengzhuang3.php 文件，给 Stud 类定义__get()和__set()方法，源代码如下：

```php
<?php
class Stud{
    private $name;      //私有属性
    private $score;     //私有属性
    function __construct($myname,$myscore){
        $this->name=$myname;
        $this->score=$myscore;
    }
    function __get($property_name){              //读取属性值
        if(isset($this->$property_name)){
            return ($this->$property_name);
        }else{
            return (NULL);
        }
    }
    function __set($property_name,$value){   //设置属性值
        $this->$property_name=$value;
    }
}
$stud1=new Stud("lihua",80);
echo $stud1->score;          //自动调用__get()方法获取私有属性
$stud1->score=85;            //自动调用__set()方法设置属性值
echo "修改后的成绩: ",$stud1->score;
?>
```

程序运行结果与例 5-7 运行结果一样，如图 5-7 所示。

__get()方法：有一个参数，表示要获取的成员属性名。这个方法在直接获取私有属性的时候，对象自动调用。例如，使用"echo $stud1->score"直接获取 score 值的时候就会自动调用__get($score)方法，将属性 score 传给参数$property_name，通过这个方法的内部执行，返回 score 属性的值。如果成员属性没有被封装成私有的，对象本身就不会去自动调用这个方法。

__set()方法：有两个参数，第一个参数是要设置值的属性名，第二个参数是要给属性设置的值，没有返回值。这个方法同样不用手工去调用，在直接设置私有属性值的时候是自动调用的，例如：$stud1->score=85，把$score 传给$property_name，把"85"传给$value，通过这个方法的执行达到赋值的目的。如果成员属性没有被封装成私有的，对象本身也不会去自动调用这个方法。

5.2.2 继承

类似于生活中的"子肖其父"或者子女继承父辈的优良传统等。继承性主要描述的是子类与父类之间的关系，指子类自动继承父类中的属性和方法，并可以重写或添加新的属性和方法。继承不仅增强了代码的重用性，提高了程序开发效率，而且为程序的修改补充提供了便利。

父类：一个类被其他类继承，可将该类称为父类，或基类。

子类：一个类继承其他类，可将该类称为子类，或派生类。

1. 继承的实现

PHP 用 extends 关键字来实现类的继承，语法格式如下：

```
Class 子类名称 extends 父类名称{
//类体
}
```

例 5-9 类的继承。新建程序 jicheng.php，定义 Master 类是 Students 类的子类，在子类中调用父类的构造方法。PHP 不会在子类的构造方法中自动调用父类的构造方法。要执行父类的构造方法，需要在子类的构造方法中使用 parent::__construct()调用。源代码如下：

```php
<?php
//定义 Students 类
class Students{
  var $name,$age,$sex;
  function __construct($name,$age,$sex){
    $this->name=$name;
    $this->age=$age;
    $this->sex=$sex;
  }
}
//定义 Master 类是 Students 类的子类
class Master extends Students{
  var $hobby,$address;
function __construct($name,$age,$sex,$hobby,$address){
//子类的构造方法中，调用父类的构造方法
    parent::__construct($name,$age,$sex);
    $this->hobby=$hobby;
    $this->address=$address;
  }
}
$stud1=new Master("张力",20,"男","打篮球","陕西西安");
var_dump($stud1);
?>
```

程序运行结果如图 5-8 所示。可以看出，子类继承了父类的 name 等属性，子类通过"parent:方法名"调用了父类的构造方法。运行时先执行子类构造方法，后执行父类构造方法。

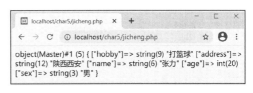

图 5-8 继承运行结果

2. 继承的特性

传递性：子类可以继承父类的所有属性和方法。但是父类对象中的私有属性和方法，子类是无法访问的，只能拥有，不能使用。

单继承：一个子类只能继承一个父类，不能同时继承两个或两个以上的父类。

5.2.3 多态

多态按字面意思理解就是"多种形状"，可以理解为多种表现形式，即"一个对外接口，多个内部实现方法"。多态指在面向对象程序设计中能够对同一个接口做出不同的实现。多态性增强了软件的灵活性和重用性。

在面向对象程序设计中，多态主要通过重写和重载两种形式实现。重写是指在子类中重写父类的方法，具有相同的方法名字、相同的参数表、相同的返回类型。常见于构造方法的重写等。重载通常是一个类的多个方法具有相同的名字，但这些方法具有不同的参数列表。PHP 不支持直接重载，但可以通过改变参数的数量来实现重载。

例 5-10 多态。新建程序 duotai.php，定义 Students 类的构造方法，使用默认值调整函数参数个数实现多态。源代码如下：

```php
<?php
  class Students{
  var $name,$age,$sex;
  //通过改变函数参数的数量来实现多态
  function __construct($name,$age,$sex='男'){
    $this->name=$name;
    $this->age=$age;
    $this->sex=$sex;
  }
}
  $p1=new Students("杨芳",19,'女');
  $p2=new Students("张力",20);    //没有指定 sex 属性值，用默认值
  echo $p1->name,$p1->age,$p1->sex;
  echo "</br>";
  echo $p2->name,$p2->age,$p2->sex;
?>
```

程序运行结果如图 5-9 所示。

图 5-9 多态程序运行结果

5.2.4 最终类、抽象类和接口

PHP 有两种特殊的类：final 类和 abstract 类。

1. final 类

final 类也叫最终类，不能被继承，只能实例化对象的类。例如：

```
final class book {
    public $name;
    public $author;
}
```

2. abstract 类

abstract 类也叫抽象类，只能被继承，不能实例化对象的类。若一个类中含有抽象方法（用 abstract 修饰的函数，没有函数体），那么这个类就是抽象类。

抽象类通过 abstract 声明，只能作为其他类的父类。一个抽象类中至少有一个抽象方法。

例 5-11 抽象类示例。定义抽象类 Shape，包含抽象方法 get_area()，用 Shape 类的子类 Circle 对 get_area()方法进行重写，计算圆的面积。源代码如下：

```
<?php
abstract class Shape{
//抽象方法没有方法体，且抽象方法后面要连接一个分号
    abstract function get_area();
 }
 class Circle extends Shape{
  public $r;
  function __construct($r){
    $this->r=$r;
  }
  function get_area(){
   return pi()*pow($this->r,2);
  }
 }
 $p1=new Circle(3);          //创建对象p1，圆半径是3
 echo $p1->get_area();       //运行结果：28.27
?>
```

3. 接口

接口是一种特殊的抽象类，用 interface 关键字来定义。如果一个类中所有的方法都是抽象方法，且成员属性（若有）必须是常量，则此类被称为接口。

接口中未实现的方法，即使是空方法，也必须在子类中实现。一个子类只能继承一个父类，却可以实现多个接口，也就是说虽然 PHP 的类是单继承，但可以通过接口来实现多继承。通过 implements 关键字可以实现接口。

例 5-12 接口及实现。定义接口类 Work，包含方法 getjobskill()，用 Programmer 类实现 Work 类的 getjobskill()方法。源代码如下：

```
<?php
//定义接口类
  interface Work{
```

```
        function getjobskill();
      }
    //
      class Programmer implements Work{
       function getjobskill(){
          return "php 全栈工程师";
       }
     }
     $p1=new Programmer();
     print_r($p1->getjobskill());        //运行结果：php 全栈工程师
    ?>
```

以上就是面向对象程序设计的基本思想和实现技术。在具体求解问题时，面向对象讲究的是以对象为出发点，先设计类，再产生不同的对象，通过对象的不同操作解决实际问题。下面给出一个面向对象编程的案例。

例 5-13 计算几何图形的面积。

设计思路："几何图形"是一个宽泛的概念，比较抽象，可以定义为抽象类 Shape，在类中定义抽象方法 get_area()用于计算面积。具体的几何图形可以定义为不同的类，比如矩形 Rectangle 类继承 Shape 类，长方体类 Cuboid 继承 Rectangle 类，并各自给出求面积和表面积的具体实现。源代码如下：

```
    <?php
    abstract class Shape{                   //抽象类
      abstract function get_area();
    }

    class Rectangle extends Shape{          //矩形
      public $length;
      public $width;
      function __construct($length,$width){
        $this->length=$length;              //矩形长
       $this->width=$width;                 //矩形宽
      }
      function get_area(){                  //矩形面积
       return  $this->length*$this->width;
      }
      function show(){                      //输出矩形面积
        echo "长方形的面积: ",$this->get_area(),"</br>";
      }
    }
    class Cuboid extends Rectangle{     //长方体
    public $heigth;
    function __construct($length,$width,$heigth){
     parent::__construct($length,$width);
      $this->heigth=$heigth;
    }
    function get_area(){    //长方体表面积
     return
2*($this->length*$this->width+$this->length*$this->heigth+$this->heigth*
$this->width);
```

```
    }
    function show(){          //输出表面积
        echo "长方体的表面积：",$this->get_area(),"</br>";
    }
}
$rect1=new Rectangle(3,5);
echo $rect1->show();
$cub1=new Cuboid(3,5,7);
echo $cub1->show();
?>
```

程序运行结果如图 5-10 所示。

图 5-10　求面积程序运行结果

项目总结

　　本项目主要学习 PHP 面向对象编程方法。类是面向对象编程的基础，类的成员有成员属性和成员方法。在类的基础上 PHP 使用关键字 new 新建对象，为了在创建对象的同时初始化对象，在定义类时，使用构造函数初始化其成员变量，它在创建对象时被自动调用。类的三大基本特性是封装、继承和多态，在使用类的过程中，用"3P"进行类成员的访问控制，即 public、private 和 protected。通过该项目的学习，了解 PHP 面向对象编程的思路和方法，初步掌握使用面向对象编程方式解决问题。

项目测试

知识测试

选择题

1. 关于面向过程和面向对象，下列说法错误是（　　）。
   A. 面向过程和面向对象都是解决问题的一种思路
   B. 面向对象是基于面向对象的
   C. 面向过程强调的是解决问题的步骤
   D. 面向对象强调的是解决问题的对象

2. 关于类和对象的关系，下列描述正确的是（　　）。
   A. 类是面向对象的核心
   B. 类是现实中事物的个体
   C. 对象是根据类创建的，并且一个类只能对应一个对象
   D. 对象描述的是现实的个体，它是类的实例

3. 构造方法的作用是（　　　）。

    A.　一般成员方法　　　　　　　　B.　类的初始化

    C.　对象的初始化　　　　　　　　D.　对象的建立

4. PHP 类中包含一个特殊变量，表示当前对象自身（　　　）。

    A. self　　　　　　　B. this　　　　　　C. $this　　　　D. 以上都不是

5. PHP 中关于类继承说法正确的是（　　　）。

    A.子类可以继承基类的所有属性和方法

    B.子类可以重写基类的方法

    C.子类可以直接继承多个基类

    D.子类可以重写基类 protected 级别方法为 private

6. 下面描述中错误的是（　　　）。

    A. public 成员变量可以在子类中直接访问

    B. 成员变量使用 public、protected、private 修饰后，不再需要 var 关键字

    C. private 成员变量可以在类外被直接访问

    D. 包含抽象方法的类必须为抽象类，抽象类不能被实例化

7. 面向对象的三大特性中不属于封装做法的是（　　　）。

    A. 将成员变为私有的　　　　　　B. 将成员变为公有的

    C. 使用封装方法来操作成员　　　D. 使用__get()和__set()方法来操作成员

8. 以下关于多态的说法正确的是（　　　）。

    A. 多态在每个对象调用方法时都会发生

    B. 多态是由于子类里面定义了不同的函数而产生的

    C. 多态的产生不需要条件

    D. 当父类引用指向子类实例的时候，由于子类对父类的方法进行了重写，在父类调用相应的函数的时候表现出的不同称为多态。

9. 通过类可以创建对象，且只能创建一个对象，这种说法（　　　）。

    A. 正确　　　　　　　　　　　　B. 错误

10. 在创建类的对象时，系统会自动调用构造方法进行初始化，这种说法（　　　）。

    A. 正确　　　　　　　　　　　　B. 错误

11. 创建完对象后，其属性值是固定的，外界无法进行修改，这种说法（　　　）。

    A. 正确　　　　　　　　　　　　B. 错误

12. PHP 中使用关键字 class 来声明一个类，这种说法（　　　）。

    A. 正确　　　　　　　　　　　　B. 错误

13. 抽象的类不能被实例化，这种说法（　　　）。

    A. 正确　　　　　　　　　　　　B. 错误

14. 析构函数是当对象被撤销后自动执行的，这种说法（　　　）。

    A. 正确　　　　　　　　　　　　B. 错误

15. PHP 支持单继承，不支持多继承，这种说法（　　　）。

    A. 正确　　　　　　　　　　　　B. 错误

16. （多选题）下面是 PHP 构造方法的是（　　　）。

A. __destruct   B. __construct   C. 与类名同名   D. __get

17.（多选题）面向对象编程的三大特性是（   ）。

    A. 抽象   B. 封装   C. 继承   D. 多态

18.（多选题）下面是 PHP 类成员访问控制关键字的是（   ）。

    A. public   B. private   C. protected   D. abstact

19. 执行以下代码，输出结果是（   ）。

```php
<?php
class a{
    function __construct(){
        echo " class a ";
    }
}
class b extends a{
    function __construct(){
        echo " class b ";
    }
}
$a=new b();
?>
```

A. class a   class b   B. class b   class a   C. class a   D. class b

技能测试

1. 编程实现如下功能：定义一个图书类，有成员变量（书名、作者、页数）和构造方法，定义图书对象，并初始化它们的基本信息，然后依次输出。

2. 编程实现如下功能：定义 Circle 类，定义它的构造方法，定义计算圆面积和周长的方法，输出结果。定义 Ball 类，继承 Circle 类，定义计算球的表面积和体积的方法，输出结果。

学习效果评价

序号	评价内容	个人自评	同学互评	教师评价
1	理解 PHP 面向对象编程思想			
2	能够创建类			
3	能够创建对象			
4	理解对类的封装、继承与多态			
5	能够用面向对象编程的方法编写程序			
6	举一反三：根据所学理论，学以致用，完成基本功能			
7	抽象思维：把现实世界的事物数字化，能用属性和方法描述			
8	自主学习能力：搜索学习资源，解决问题			
评价标准				
A：能够独立完成，熟练掌握，灵活应用，有创新				
B：能够独立完成				
C：不能独立完成，但能在帮助下完成				
项目综合评价：>6 个 A，认定优秀；4~6 个 A，认定良好；<4 个 A，认定及格				

PHP 会话与图像处理

知识目标 ☞	• 掌握使用 cookie 在网页之间传递数据的方法。 • 掌握使用 session 在网页之间传递数据的方法。 • 了解 PHP 的绘图过程和常用的绘图函数。
技能目标 ☞	• 学会使用 session 存取数据。 • 能够使用 PHP GD 库绘制图像。 • 能够应用 session 和绘图函数制作验证码。 • 能够应用表单和验证码技术实现用户登录功能。
思政目标 ☞	• 培养严谨的学习态度。 • 培养信息搜索和自主学习能力。

在PHP 与 Web 页面交互过程中需要识别并记录用户的身份，由于 HTTP 协议本身不具有这种机制，因此 PHP 通过 cookie 或者 session 记忆用户的信息。验证码经常在用户登录时使用，可以有效防止恶意用户使用特定程序，以暴力破解方式登录尝试。本项目主要学习使用 cookie 或者 session 记录用户的信息，并学习使用 session 和 PHP 图像处理函数制作验证码的方法。

任务 6.1 会 话 机 制

【**任务描述**】制作一个用户登录网页，当用户成功登录后，能在网站内其他页面看到当前用户的账号信息。

【**任务分析**】用户登录网页可以使用表单实现。获取用户填写的数据，与正确的登录账号进行比较，判断成功登录后，可以使用 PHP 的 session 记录用户的账号信息，然后在其他页面调用相应的 session 变量。

会话技术 session
（微课）

■ **任务相关知识与实施** ▰▰▰▰▰

会话控制是一种跟踪用户的通信方式。例如，在电商网站购物时，用户在站点内不同页面来回跳转，网站总会记得用户的账号，这就是运用了 HTTP 会话控制。其实现原理是在网站中跟踪一个变量，通过对变量的跟踪，使多个请求事物之间建立联系，从而根据授权和用户身份显示不同内容的页面。

由于 HTTP 本身是无状态协议，没有一个内建机制来维护两个请求之间的连接状态，因此使用 PHP 提供的 cookie 或者 session 来实现会话控制。

6.1.1 PHP cookie

PHP cookie 是一种服务器留在用户计算机上的文件，由 Web 服务器端的 PHP 程序生成，最终保存在客户端浏览器内存或硬盘中。cookie 以"键值对"的形式保存信息，"键"可以理解为 cookie 变量名，"值"就是 cookie 变量的值。

1. 创建 cookie

PHP 中提供了 setcookie()函数来创建 cookie，其语法格式如下：

```
bool setcookie (string $name [, string $value = "" [, int $expire = 0 [, string $path = "" [, string $domain = "" [, bool $secure = false [, bool $httponly = false ]]]]]] )
```

主要参数说明如下。

name：指定 cookie 的名称。cookie 的标记名称由 PHP 页面发送到浏览器端，然后在浏览器端生成"键值对"信息中的"键"。

value：指定 cookie 的值，为字符串类型数据。cookie 的值由 PHP 页面发送到浏览器端，然后在浏览器端生成"键值对"信息中的"值"。

expire：指定 cookie 的过期时间，单位为秒，通常为整型数据，该整型数据是从 UNIX 纪元（1970 年 1 月 1 日 0 时 0 分 0 秒）开始到当前时间的秒数。

函数功能：成功创建 cookie 则返回 true，否则返回 false。

例 6-1 创建 cookie 变量。新建一个名为 createcookie.php 文件，其功能是用户成功登录后，创建名为"userid"的 cookie，设置此 cookie 在 1 小时后过期。源代码如下：

```
<h2>用户登录</h2>
<form action="" method="post">
  用户名: <input type="text" name="userid" required><br>
  密码: <input type="password" name="userpwd" required><br>
  <input type="submit" value="确定" name="queding"/>
  <input type="reset" value="取消" />
</form>
<?php
if(isset($_POST["queding"])){
  $userid=$_POST["userid"];
//定义 cookie,设置有效期为 3600 秒
  setcookie("userid",$userid,time()+3600);
  echo "cookie 变量已经设置";
}
?>
```

运行结果如图 6-1 所示。运行时输入用户名，创建了名为"userid"的 cookie 变量，在其他地方可使用该名字读取 cookie 变量。

图 6-1　创建 cookie

2. 读取 cookie

浏览器端产生 cookie 信息后，再次向其他 PHP 页面发送请求时，Web 服务器会自动地收集请求头中的 cookie 信息，并将这些 cookie 信息解析到 PHP 预定义变量 \$_COOKIE 中。通过\$_COOKIE 可以读取所有通过 HTTP 请求传递的 cookie 信息。

\$_COOKIE 是一个全局数组，该数组中的每个元素的"键"为 cookie 变量名，数组中每个元素的"值"为 cookie 变量的值。\$_COOKIE 全局数组的使用形式如下：

```
变量=$_COOKIE["键名称"]
```

例 6-2　读取 cookie 变量。新建一个名为 readcookie.php 文件，读取例 6-1 中产生的名为"userid"的 cookie 变量，源程序如下：

```php
<?php
    $userid=$_COOKIE['userid'];
    var_dump($userid);
?>
```

程序运行结果如图 6-2 所示。可以看到，由 createcookie.php 程序创建的 cookie 变量在当前程序中能够读取出其值。所以说，cookie 变量可以记录用户的信息。

图 6-2　读取 cookie 变量

3. 删除 cookie

当浏览器端的 cookie 信息不再需要时，则要将其清除。

使用 PHP 程序删除浏览器端的 cookie 主要有两种方法：一种是将 cookie 的值设置为空；另一种是将 cookie 的有效时间设为过去的时间。不管使用哪种方法，浏览器接收到这样的 cookie 响应头信息后，将自动删除浏览器端的信息和内存中的 cookie 信息。

例 6-3　删除 cookie 变量。新建一个名为 destroycookie.php 文件，销毁例 6-1 中产生的名为"userid"的 cookie 变量，源程序如下：

```php
<?php
    setcookie("userid",null,time()-1);
?>
```

当 cookie 变量被销毁后，就不再存在，因此读取 cookie 变量时会报错。

由于 cookie 数据是保存在客户端浏览器中的，因此对于不支持 cookie 的浏览器就不能使用 cookie 记录用户信息，这时可以使用 PHP 提供的 session。

6.1.2 PHP session

相较于 cookie，session 记录的用户数据保存在服务器中。

session 变量用于存储用户会话的信息。从浏览器用户第一次访问服务器开始，到断开与服务器的连接为止，形成一个 session 会话周期。在此期间，服务器为每个浏览器用户分配唯一的 session ID 标识当前用户。session ID 是一个加密的随机字符串，能保证其唯一性和随机性。session 信息保存在服务器端，确保了 session 的安全。

1. session 和 cookie 的比较

session 文件用于存储每个浏览器用户个人信息，且所有 session 文件存放于服务器中，为了避免对服务器系统造成过大的负荷，session 也有过期时间。session 会因过期时间到期而自动失效，这是和 cookie 的相同之处。

session 和 cookie 的区别有以下几个方面。

1）cookie 采用的是在浏览器端保持状态的方案，session 采用的是在服务器端保持状态的方案。

2）浏览器用户可以禁用浏览器的 cookie，却无法停止 Web 服务器 session 的使用。

3）在使用 session 时，关闭浏览器只会使存储在浏览器端主机内存中的会话 cookie 信息失效，不会使服务器端的 session 信息失效。当浏览器用户下次登录网站时，服务器可以生成一个新的 session 标记以及对应的 session 文件以供使用。

4）session 可以存储复合数据类型的数据，例如数组或对象，而 cookie 只能存储字符串数据。

2. session 在 php.ini 文件中的配置

php.ini 配置文件中有一组 session 的配置选项，以 xampp 为例，介绍如下。

1）session.save_handler=files：设置服务器保存用户个人信息时的保存方式，默认值为 files，表示用文件存储 session 信息。如果想要使用数据库存储 session 信息，可将 session.save_handler 选项设为 user。

2）session.save_path= "C:\xampp\tmp"：在 save_handler 设为 files 时，用于设置 session 文件的保存路径。

3）session.use_cookies=1：默认的值为 1，代表 session ID 使用 cookie 传递，为 0 时使用查询字符串传递。

4）session.name=PHPSESSID：session ID 的名称，默认值为 PHPSESSID。不管使用 cookie 传递 session ID，还是使用查询字符串传递 session ID，都需要指定 session ID 的名称。

5）session.auto_start=0：在浏览器请求服务器页面时，是否自动开户 session。默认值为 0，表示不自动开启 session。

6）session.cookie_lifetime=0：设置 session ID 在 cookie 中的过期时间，默认值为 0，表示浏览器一旦关闭，session ID 立即失效。

7）session.cookie_path=/：使用 cookie 传递 session ID 时 cookie 的有效路径，默认为"/"。

8）session.cookie_domain=：使用 cookie 传递 session ID 时 cookie 的有效域名，默认为空。

9）session.gc_maxlifetime=1440：设置 session 文件在服务器端的存储时间，如果超过这个时间，那么 session 文件会自动删除。默认为 1440 秒，表示 1440 秒无操作就会自动销毁该 session 文件。

3. 开启 session

在 PHP 中，使用 session 之前必须调用 session_start()函数启动 session。其语法格式如下：

```
bool session_start()
```

该函数没有参数。该函数的主要功能如下：

1）加载 php.ini 配置文件中有关 session 的配置信息至 Web 服务器内存。

2）创建 session ID 或使用已有的 session ID。

3）在 Web 服务器创建 session 文件或解析已有的 session 文件。

4）产生 cookie 响应头信息。

4. 使用$_SESSION 存取用户数据

PHP 提供了预定义变量$_SESSION，是一个超级全局数组，主要用于创建和读取 session 变量。

例 6-4 创建 session 变量。新建一个名为 session1.php 文件，创建名为"username"的 session 变量用来保存用户名。源程序如下：

```
<?php   session_start();  ?>  //开启 session 会话
<!doctype html>
<html>
<head>
<meta charset="utf-8">
<title>创建 session</title>
</head>
<body>
<?php
  $uname="test01";
  $_SESSION["username"]=$uname;   //创建 session
  echo "<a href='session2.php'>next</a>";
?>
</body>
</html>
```

程序运行结果如图 6-3 所示。单击页面中的超链接，会跳转到读取 session 页。

图 6-3 创建 session 变量

例 6-5 读取 session 变量。新建一个名为 session2.php 文件，读取例 6-4 中创建的名为 "username" 的 session 变量。源程序如下：

```php
<?php session_start();    ?> //开启 session 会话
<!doctype html>
<html>
<head>
<meta charset="utf-8">
<title>读取 session 变量</title>
</head>
<body>
<?php
    echo "读取 session 变量: "."<br>";
    echo $_SESSION["username"];
    echo "<br> <a href='session3.php'>退出当前账号</a><br>";
?>
</body>
</html>
```

程序运行结果如图 6-4 所示。该段代码读取了前一个网页中创建的 session 变量值。由此可以看出，session 会话技术可以实现网页间的参数传递。单击页面中的"退出当前账号"超链接，会跳转到销毁 session 页。

图 6-4　读取所创建的 session 变量

5. 销毁 session 变量

要删除 session 数据，可以使用 unset()函数或者 session_destroy()函数。unset()函数用于释放指定的 session 变量。session_destroy()函数用于销毁所有的 session 变量，彻底终结 session 变量。

例 6-6 销毁 session 变量。新建一个名为 session3.php 文件，销毁创建的名为 "username" 的 session 变量。源程序如下：

```php
<?php session_start();  ?>
<!doctype html>
<html>
<head>
<meta charset="utf-8">
<title>销毁 Session</title>
</head>
<body>
<?php
    unset($_SESSION["username"]);
    echo "session 变量已经被注销！"."<br>";
    echo "再试试，读取 session 变量: "."<br>";
```

```
        session_destroy();
        echo $_SESSION["username"]; //session变量已经被注销,所以运行报错.
    ?>
</body>
</html>
```

程序运行结果如图 6-5 所示。当读取不存在的 session 变量时，会报错。

图 6-5　销毁 session 变量

6. 关于 session 的生命周期

session 会话生命周期是从开启 session 开始到关闭浏览器，或者执行了 session_destroy()函数或者 unset()函数为止。在前面的例子中，如果先执行完创建 session 程序 session1.php 后，关闭浏览器，再启动浏览器直接执行读取 session 的程序 session2.php，则读取不到 session 值。

下面给出一个使用 session 实现用户登录功能的网页。

例 6-7 用 session 实现用户登录时记录用户身份功能。

设计思想：设计一个表单，填写用户登录的用户名和密码。如果用户填写的账号正确，则在表单下方显示当前账号的信息，并提供"进入首页"和"退出"功能。若用户填写的账号不正确，则看不到这些信息，如图 6-6 所示。

图 6-6　能记录用户身份的用户登录页

login.php 源程序如下：

```
<?php  session_start(); ?>
<!doctype html>
<html>
<head>
<meta charset="utf-8">
<title>用户登录</title>
</head>
<body>
<form action="" method="post">
```

```
用户名: <input name="uname" type="text" required/><p>
密码: <input name="upass" type="password" required/><p>
 <input name="denglu" type="submit" value="登录" />
 <input name="quxiao" type="reset"  value="取消"/>
</form>
<?php
   if(isset($_POST["denglu"])){ //判断表单是否提交,若提交,取得用户填写的
                                //用户名和密码
  $uname=$_POST["uname"];
  $upass=$_POST["upass"];
  if($uname=="admin" and $upass=="123"){ //若账号正确,则记录用户名
   $_SESSION["user"]=$uname;
   }else{
   unset($_SESSION["user"]);
   }
if(isset($_SESSION["user"])){  //若用户已经成功登录
 echo "欢迎【 ".$_SESSION["user"],"】";
  echo ",<a href='#'>进入首页</a>";
  echo ",<a href='quit.php'>退出</a>";
 }
}
?>
</body>
</html>
```

当单击"退出"超链接后,转向 quit.php 文件,以销毁 session 变量,退出当前账号,再重定向到登录页。quit.php 的源程序如下:

```
<?php
//释放 session 对象
 session_start();
 session_unset();
 session_destroy();
 header("Location:login.php");   //重定向到 login.php 文件
?>
```

在这个案例中,为了简化程序,直接在程序中指定了登录系统的合法账号,用户名是"admin",密码是"123"。在实际开发中,可以使用数据库存放用户账号数据。

任务 6.2   PHP 图形图像处理 GD 库

【任务描述】使用 PHP 绘图函数绘制图像并输出显示到网页。

【任务分析】PHP 中绘图功能主要由 GD 库扩展模块实现。先安装 GD 库,再按照绘图步骤调用相关绘图函数完成绘图任务。

PHP 图像处理
GD 库(微课)

■ 任务相关知识与实施

PHP 提供了 GD 函数库,可以创建及操作多种不同格式的图像文件。

GD 库是 PHP 处理图形图像的扩展库,它提供了一系列用来处理图片的 API,可以处理或者生成图片。

使用 PHP 图像处理函数，需要加载 GD 支持库，可以使用 gd_info()函数查看当前服务器是否加载了 GD 库以及 GD 库的信息，查看方法如下：

```php
<?php var_dump(gd_info); ?>
```

安装完 XAMPP 环境后，查看后如果没有开启 GD 库，可在 Windows 系统下按照以下步骤开启：

1）打开 PHP 的配置文件：php.ini 文件。

2）去掉 extension=gd2 前的分号 "；"。

3）重启 Apache 服务器。

6.2.1　绘画步骤

目前，GD2 库支持 GIF、JPEG、PNG、WBMP 等格式。其绘图的基本过程如下：

1）创建画布。

2）创建颜色。

3）开始绘画。

4）输出或保存图像。

5）销毁资源。

例 6-8　PHP 绘图过程。新建一个名为 drawpng.php 文件，源程序如下：

```php
<?php
    // 1，创建画布：宽度，高度，单位是像素
    $i=imagecreatetruecolor(200, 200);
    // 2，分配颜色
    $red=imagecolorallocate($i, 255,0,0);
    // 3，填充颜色
    imagefill($i, 0,0,$red);
    // 4，告诉浏览器，输出的是图片
    header("content-type:image/png");
    // 5，  输出图片
    imagepng($i);
    // 6，销毁画布，释放资源
    imagedestroy($img);
?>
```

程序运行时结果如图 6-7 所示，输出了一个宽度 200 像素、高度 200 像素的红色 PNG格式的图像。在整个程序中，主要使用到 GD 库中的绘图函数。

图 6-7　绘制的图像

6.2.2 GD 库常用函数

PHP 中常用的绘图函数及功能如表 6-1 所示。

表 6-1 常用绘图函数及功能

函数	功能
imagecreate()	创建一个 256 色画布
imagecreatetruecolor()	创建一个真色彩画布
imagecolorallocate()	定义颜色
imagecreatefromjpeg()	创建画布，并从 jpeg 文件载入图像
imagefill()	填充背景
imagesetpixel()	绘制像素点
imageline()	绘制线条
imagerectangle()、imagefilledrectangle()	绘制矩形线框、实心矩形框
imagepolygon()、imagefilledpolygon()	绘制多边形线框、实心多边形
imageellipse()、imagefilledellipse()	绘制椭圆线框、实心椭圆
imagearc()、imagefilledarc()	绘制圆弧、实心圆弧（扇形）
imagegif()	输出 gif 格式图像到浏览器或文件
imagejpeg()	输出 jpeg 格式图像到浏览器或文件
imagepng()	输出 png 格式图像到浏览器或文件
imagedestroy()	释放资源

限于篇幅，这里只给出函数名及功能，各函数的参数及用法还请读者查阅 PHP 使用手册。这里对本次用到的几个函数进行介绍。

1. imagecreatetruecolor()函数

函数语法：resource imagecreatetruecolor (int $width , int $height)

函数功能：返回一个图像资源标识符，代表了一幅指定宽度 width 和高度 height 的图像，失败则返回 false。在其他函数中，可以通过该标识符对图像进行操作。

2. imagecolorallocate()函数

函数语法：int imagecolorallocate (resource $image , int $red , int $green , int $blue)

函数功能：返回一个标识符，代表了由给定的 RGB 成分组成的颜色。red、green 和 blue 分别是所需要颜色的红、绿、蓝成分，其参数值是 0~255 的整数或者十六进制数 0x00~0xFF。imagecolorallocate()函数用来创建每一种用在 image 所代表的图像中的颜色。

3. imagefill()函数

函数语法：bool imagefill (resource $image , int $x , int $y , int $color)

函数功能：在 image 图像的坐标（x,y）[图像左上角为(0, 0)]处用 color 颜色执行区域填充，即与(x, y)点颜色相同且相邻的点都会被填充。

4. imagedestroy()函数

函数语法：bool imagedestroy (resource $image)

函数功能：释放与 image 关联的内存。image 是由图像创建函数返回的图像标识符。

5. imagegif ()函数

函数语法：bool imagegif (resource $image [, string $filename])

函数功能：从 image 图像以 filename 为文件名创建一个 GIF 图像。image 是由图像创建函数返回的图像标识符。filename 表示文件保存的路径，如果未设置或为 null，将会直接输出原始图像流。成功时返回 true，失败时返回 false。

与此函数用法相似的还有 imagejpeg()函数和 imagepng()函数，分别用来输出 jpg 图像和 png 图像。

6.2.3　绘制基本几何图形

最基本的几何图形主要有点、线、圆等，有了基本几何图形，就可以演变出更为复杂的图形。imageline()函数、imagearc()函数和 imagerectangle()函数分别用来绘制线段、弧形（包括圆）和矩形。

1. 绘制线段 imageline()函数

函数语法：bool imageline(resource image, int x1, int y1, int x2, int y2, int color)

函数功能：该函数参数表示使用 color 颜色在图像 image 上从坐标(x1,y1)到(x2,y2)画一条线段。在画布里，坐标原点为左上角，横坐标水平向右为正，纵坐标垂直向下为正。

2. 绘制椭圆弧 imagearc()函数

函数语法：bool imagearc(resource image, int cx, int cy, int w, int h, int s, int e, int color)

函数功能：该函数参数表示用 color 颜色在图像 image 上以(cx,cy)为中心画一个椭圆弧，w 和 h 分别是椭圆的宽和高，s 和 e 都是角度，分别表示圆弧起点角度和圆弧终点角度，0 度位置在 x 轴正轴方向。

3. 绘制矩形 imagerectangel()函数

函数语法：bool imagerectangcl(resource image, int x1, int y1, int x2, int y2, int color)

函数功能：该函数参数表示用 color 颜色在图像 image 上画一个矩形，左上角坐标为(x1,y1)，右下角坐标(x2,y2)。

4. 在图像中添加文字 imagestring()函数

函数语法：bool imagestring(resource image, int font, int x, int y, string string, int color)

函数功能：该函数表示用 color 颜色在 image 图像上的(x,y)位置，使用 font 字体绘制字符串 string。绘制字符串的时候是从(x,y)右下方开始绘制。在通常情况下，font 使用 1，2，3，4，5 等内置字体。

说明：imagestring()函数不支持绘制汉字，可以使用 imagettfText()函数通过绘制 UTF-8 编码的字符串来绘制汉字。

例 6-9　绘制图像。

设计思路：绘制如图 6-8 所示的五环图像，其右下方有红色旗帜状的矩形，矩形中填充有文字。绘制圆的时候，使用 imagearc()函数，起点角度 0°，终点角度 360°。

源程序如下：

```php
<?php
//创建画布
$img=imagecreatetruecolor(300,400);
//定义颜色
```

```
$yellow=imagecolorallocate($img,255,255,0);
$blue=imagecolorallocate($img,0,0,255);
$red=imagecolorallocate($img,255,0,0);
$white=imagecolorallocate($img,255,255,255);
//背景填充
imagefill($img, 0,0,$white);
//画矩形、画直线
imagerectangle($img,5,5,294,394,$red);
imageline($img,5,260,294,260,$blue);
//画圆，形成五环
imagearc($img,50,50,80,80,0,360,$blue);
imagearc($img,130,50,80,80,0,360,$blue);
imagearc($img,210,50,80,80,0,360,$blue);
imagearc($img,90,90,80,80,0,360,$blue);
imagearc($img,170,90,80,80,0,360,$blue);
//画实心矩形
imagefilledrectangle($img,210,130,280,180,$red);
//在图像中添加文字
imagestring($img,5,225,150,"china",$yellow);
//输出图像
header("Content-type:image/jpeg");
imagejpeg($img);
//销毁画布，释放资源
imagedestroy($img);
?>
```

程序运行时结果如图 6-8 所示，输出了一个宽度 300 像素、高度 400 像素的 JPG 格式的图像。

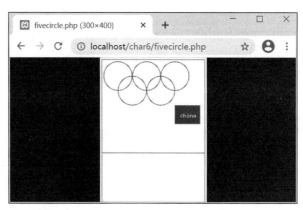

图 6-8　绘制的五环图

任务 6.3　验证码生成与验证

【任务描述】在用户登录网页上添加图片验证码，并对用户输入的验证码进行验证。

【任务分析】实现任务的思路如下：制作图片验证码；制作用户登录

验证码技术
（微课）

页,在网页中引用验证码图片;获取用户输入的验证码字符串,进行验证。

■ 任务相关知识与实施

在网页中使用验证码是为了提高网站的安全性。在通常情况下,验证码是一张图片,其本质是将一串随机产生的数字或符号生成一幅图,并且在图里加上一些干扰像素。使用时,由用户肉眼识别其中验证码信息,然后输入到表单,提交给网站进行验证,验证成功后才能使用网站某项功能。

使用验证码,可以有效防止某个黑客用特定程序以暴力破解方式进行不断的登录尝试,验证码是现在很多网站通行的方式。简而言之,验证码就是判断当前使用者是人还是机器程序。

6.3.1　产生验证码

制作验证码的主要思路如下:

1)设置最终生成的图片验证码的文件类型和图片大小。

2)产生验证码字符串。引用随机数函数,产生一个验证码字符串,该字符串由大写字母、小写字母和数字组成。

3)使用 session 变量$_SESSION['re_code'] 保存产生的验证码字符串,以备验证时使用。

4)使用 PHP 图像技术生成验证码。

下面给出产生验证码的实现过程。

例 6-10　编写产生验证码程序,用于产生一个 4 位的 gif 图片验证码,验证码保存在$_SESSION['re_code']中。新建一个名为 yanzhengma.php 的程序,源代码如下:

```php
<?php
session_start();                //启用 session
$_SESSION['re_code']=";         //初始化 session 变量用于保存产生的验证码
 //1.设置验证码图像的类型和大小
$type='gif';
$width=76;
$height=30;
$length=4;                      //验证码字符串长度
//2. 产生验证码字符串,避免混乱,去掉 0, 1, O, I, o, i 字符
$str="ABCDEFGHJKLMNPQRSTUVWXYZabcdefghijkmnpqrstuvwxyz23456789";
$strNew=str_shuffle($str);      //随机打乱字符串
$randval=substr($strNew,0,$length); //产生 4 位验证码字符串
$_SESSION['re_code']=$randval;      //把验证码保存在 session 中
//3. 制作验证码图片
//新建图像
$im=imagecreatetruecolor($width,$height);
//设置图像背景颜色和边框颜色
$backColor=imagecolorallocate($im,mt_rand(150,255),mt_rand(150,255),
mt_rand(150,255));
$borderColor=imagecolorallocate($im, 20, 66, 111);          //边框色
imagefilledrectangle($im,0,0,$width-1,$height-1,$backColor);
//画图像背景,在 image 图像中画一个用 color 颜色填充的矩形
```

```
    imagerectangle($im,0,0,$width-1,$height-1,$borderColor);//画图像边框
    //设置图像中验证码字符的颜色
    $stringColor=imagecolorallocate($im,0,0,0);
    //画点,干扰
    for($num=0;$num<100;$num++){
        $color=imagecolorallocate($im,mt_rand(0,255),mt_rand(0,255),
mt_rand(0,255));
        imagesetpixel($im, mt_rand(0,100), mt_rand(0,30), $color);
    }
    // 画线
    for($num=0;$num<3;$num++){
        $color=imagecolorallocate($im,mt_rand(0,255),mt_rand(0,255),
mt_rand(0,255));
        imageline($im, 0, mt_rand(0,30), 100, mt_rand(0,28), $color);
    }
    //把字符串写入图像中,生成图像
    imagestring($im, 5, 16, 6, $randval, $stringColor);
    // 4. 输出图像
    header("Content-type: image/".$type);      //设置输出图像的类型
    $ImageFun='image'.$type;
    $ImageFun($im);                            //输出图像
    ImageDestroy($im);                         //输出图像后,销毁图像,释放资源
    ?>
```

程序中使用 str_shuffle($str)函数,每次调用都会随机打乱字符串中所有字符;substr($strNew,0,$length) 函数用于截取 4 位字符。程序的运行结果如图 6-9 所示,生成的验证码已经正确显示,当用户看不清楚时,可以刷新网页更新验证码。

图 6-9 生成的验证码图像

6.3.2 使用验证码

1. 在登录表单中添加验证码

产生的验证码可以放置在登录表单中使用,如图 6-10 所示。在表单的验证码文本框的后面,使用 <img src="yanzhengma.php">可以引用所产生的验证码图片。为了提高用户体验,给图片添加 onclick 事件,定义javascript 代码实现在不刷新页面的情况下单击图片就能更换验证码。代码如下:

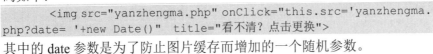
```
    <img src="yanzhengma.php" onClick="this.src='yanzhengma.
php?date= '+new Date()"  title="看不清? 点击更换">
```
其中的 date 参数是为了防止图片缓存而增加的一个随机参数。

用户登录页实现一(微课)

用户登录页实现二(微课)

用户登录页实现三(微课)

2. 使用 session 验证用户输入的验证码

使用验证码进行验证就是提取用户在表单中输入的验证码，与生成验证码时产生的验证码字符串进行比较，若相等则验证通过，反之则验证失败。在生成验证码时已经把验证码字符串保存在 session 中，在编程实现时只需要启用 session，读取存放在其中的验证码字符串即可。当验证完成时，出于安全考虑，清除保存在 session 中的验证码信息。

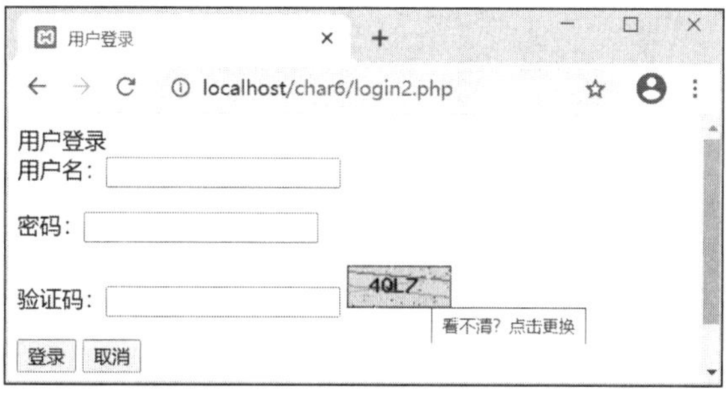

图 6-10　含有验证码的表单

下面给出一个使用验证码登录并完成验证的实例。

例 6-11 含有验证码的用户登录表单。

验证过程思路如下：

1）制作表单，调用产生验证码文件 yanzhengma.php，显示验证码。

2）获取用户输入的验证码。

3）开启 session，读取产生验证码时保存在 session 中正确的验证码。

4）进行比较，若两种相等，则验证通过，释放 session；反之验证失败。

新建一个名为 login2.php 文件，源代码如下：

```
<!doctype html>
<html>
<head>
<meta charset="utf-8">
<title>用户登录</title>
</head>
<body>
<form action="" method="post">
    用户登录</br>
    用户名：<input name="uname" type="text" required/><p>
    密码：<input name="upass" type="password" required/><p>
    验证码：<input type="text" name="str">
<img  src="yanzhengma.php"  onClick="this.src='yanzhengma.php?date=
'+new Date()"  title="看不清？点击更换">
    <p><input name="denglu" type="submit" value="登录" />
      <input name="quxiao" type="reset"  value="取消"/>
</form>
<?php
  if(isset($_POST["denglu"])) {
```

```
    session_start();              //开启 session
    $str=$_POST["str"];           //取用户输入的验证码
    $str=trim($str);              //整理，去掉首尾空格
    $code=$_SESSION["re_code"];   //取正确的验证码，即 session 变量的值
    if($str==$code)
    {
      echo "验证通过";
     //获取用户名和密码，进行下一步处理
    }else{
      echo "验证码填写错误!";
    }
    unset($_SESSION["re_code"]);
  }
 ?>
</body>
</html>
```

程序运行时，用户输入验证码后登录，会给出"验证码填写错误"或者"验证通过"的提示信息，如图 6-11 和图 6-12 所示。

图 6-11　验证错误页

图 6-12　验证通过页

项目总结

本项目主要介绍了使用会话控制和 GD 函数制作验证码的过程。会话控制是一种跟踪和识别用户信息的机制。会话控制的思想就是能够在网站中跟踪一个变量，系统能通过这个变量识别出相应的用户信息，根据这个用户信息可以得知用户权限，从而展示给用户适合其相应权限的页面内容。目前最主要的会话跟踪方式有 cookie 和 session。cookie 将用户数据存储在客户端，session 将浏览器用户数据存放在 Web 服务器中。除了这两种方法外，还可以使用 URL 参数和表单的隐藏域 hidden 传递参数。

GD 库中的绘图函数提供了 PHP 绘图功能，灵活使用这些函数可以制作出需要的图像。验证码就是综合使用了 session 和绘图两大功能，session 能够记录验证码码值，而展示给用户看的则是验证码图像。

项目测试

知识测试

一、选择题

1. 对于未设置过期时间的 cookie，只要关闭浏览器则 cookie 自动消失，这种说法是（　　）。

    A. 正确　　　　　　　　　　　　　B. 错误

2. setcookie() 函数用于设置 cookie，这种说法是（　　）。

    A. 正确　　　　　　　　　　　　　B. 错误

3. 把数据存储到 session 之前，必须先用 session_start()函数启动会话，这种说法是（　　）。

    A. 正确　　　　　　　　　　　　　B. 错误

4. session 存储信息的场所是客户端，这种说法是（　　）。

    A. 正确　　　　　　　　　　　　　B. 错误

5. 删除 session 数据，可以使用 unset() 函数，这种说法是（　　）。

    A. 正确　　　　　　　　　　　　　B. 错误

6. 若有语句：setcookie('username','李林',time()+7*24*3600);　，则设置的名字为 username 的 cookie 有效时间是（　　）。

    A. 一天　　　　　B. 一周　　　　　C. 一个月　　　　　D. 无时间限制

7. 在 PHP 中，包含所有从客户端发出的 cookies 数据的变量数组是（　　）。

    A. $_COOKIE　　　　　　　　　　B. $_COOKIES

    C. $_GETCOOKIE　　　　　　　　　D. $_GETCOOKIES

8. 取得当前安装的 GD 库信息的函数是（　　）。

    A. getimagesize()　　B. imagecreate()　　C. gd_info()　　　　D. imagerotate()

9. 下面可以绘制矩形的函数是（　　）。

    A. imagesetpixel()　　B. imageline()　　C. imagerectangle()　　D. imagearc()

10. PHP 输出不同的图像使用不同的函数，下面输出 JPEG 格式图像的函数是（　　）。

    A. imagegif()　　　　B. imagewbmp()　　C. imagepng()　　　　D. imagejpeg()

二、简答题

1. session 与 cookie 的区别是什么？

2. Header('location:index.php'); 语句的作用是什么？

3. 在实际开发中，session 在哪些场合使用？

技能测试

编程实现给图片添加文字水印，效果如图 6-13 所示。

设计思路：

1）准备一张 JPEG 格式的原图，使用 imagecreatefromjpeg()函数创建画布并从原图加载图像，得到图像资源$backimg。

2）使用 imagettftext()函数把文字添加到图像$backimg，生成水印图片。使用 imagettftext()函数时，文字的字体文件可以使用 Windows 系统的字体文件，如"c:\windows\Fonts\simkai.ttf"表示楷体。

3）使用 imagejpeg()函数输出$backimg 图像到外部文件，得到水印图片文件。

4）显示水印图片。

图 6-13　图片添加水印

学习效果评价

序号	评价内容	个人自评	同学互评	教师评价
1	能够用 cookie 在网页之间传递数据			
2	能够用 session 存取数据			
3	能够使用 PHP GD 库绘制图像			
4	能够制作验证码			
5	能够应用表单和验证码技术实现用户登录功能			
6	信息搜索：网络学习资源辅助学习			
7	创新精神：自主学习，实验中有创新内容			
8	严谨治学：修改程序错误，使之正确运行			

评价标准

A：能够独立完成，熟练掌握，灵活应用，有创新

B：能够独立完成

C：不能独立完成，但能在帮助下完成

项目综合评价：>6 个 A，认定优秀；4~6 个 A，认定良好；<4 个 A，认定及格

项目 **7**

网站后台数据库设计与创建

知识目标 ☞
- 理解网站功能分析与设计的过程。
- 掌握 MySQL 数据库、数据表的创建。
- 熟练掌握数据表记录的插入、更新、删除和查询命令。
- 掌握 MySQL 数据库备份和还原。

技能目标 ☞
- 能够创建 MySQL 数据库。
- 能够创建 MySQL 数据表并进行记录管理。
- 熟练使用 phpMyAdmin 管理数据库。
- 能够备份和还原 MySQL 数据库。

思政目标 ☞
- 培养分析问题、解决问题的能力。
- 培养认真严谨的学习态度。

在网站建设和维护过程中，后台数据库至关重要。本项目以电子商务网站中常见的会员管理模块和商品数据管理模块的数据需求为出发点，主要介绍如何创建和管理 MySQL 数据库与数据表，并对数据表中的记录进行添加、更新、查询和删除操作。通过项目任务，掌握数据库的建立、数据库备份和恢复数据库等操作方法。

任务 7.1　网站功能分析与设计

【任务描述】给一个电子商务网站的商品管理模块设计所需的数据库和数据表，给出数据表的结构。

【任务分析】实现任务的思路：分析网站的功能需求和数据需求；完成数据库的概念结构设计，绘制 E-R 图；设计数据库的逻辑结构；结合 MySQL 数据库类型设计数据表物理结构。

■ 任务相关知识与实施

7.1.1　系统分析与系统设计

网上商城的主要功能由前台和后台两部分实现。前台给网站用户提供商品查找、浏览和购物功能；后台给网站管理员用户提供管理功能，比如用户管理、商品管理等。

　　网上商城的设计不仅要满足用户的个性化需求，同时 UI 界面设计要符合用户的浏览习惯，以提高用户体验。网上商城系统设计采用 PHP+MySQL 开发，通过 Web 程序操作数据库实现动态网页的展示。在系统设计中建立数据库，对商品信息和用户信息可以及时进行保存和更新，方便用户浏览和查询商品信息。

　　根据对系统需求的具体分析，确定系统的设计思路：前台对新用户提供注册功能，完成注册的用户即为会员。会员通过账号登录可在系统平台中查找所需商品，选择完毕后添加至购物车，购物完成后生成订单，并对订单进行结算。后台管理系统主要有商品管理、用户管理、订单管理等功能。

　　系统的功能结构如图 7-1 所示。

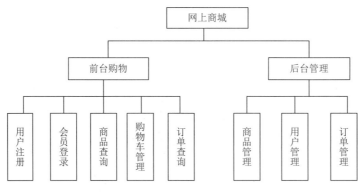

图 7-1　系统功能结构

　　下面主要针对网上商城的后台管理模块进行数据设计。

7.1.2　数据库设计

　　数据库设计要求设计人员对系统需求做充分的调研，这样才能设计出高质量的数据库。数据库设计一般分为六个阶段，分别是需求分析、概念结构设计、逻辑结构设计、物理结构设计、数据库实施、数据库运行和维护。

　　1．需求分析

　　在需求分析阶段，数据库设计人员需要分析用户的需求，将分析结果记录下来。在这个阶段双方需要进行深入的沟通，以免理解不准确，或者理解存在偏差导致后续工作出现问题。网站商城后台管理部分的需求是进行用户管理和商品信息管理。

　　2．概念结构设计

　　概念结构设计主要是对用户的需求进行综合、归纳、抽象形成概念模型。概念模型能够使设计人员抛开数据库具体实现等技术问题，集中精力分析数据与数据之间的联系。在这个阶段主要的工作是绘制 E-R 图。

　　E-R 图也称实体-联系图，提供了表示实体类型、属性和联系的方法，用来描述现实世界的概念模型。构成 E-R 图的三个基本要素是实体、属性和联系。

　　实体：一般认为，客观上可以相互区分的事物就是实体，实体可以是具体的人和物，也可以是抽象的概念与联系。实体在 E-R 图中实体用矩形表示，矩形框内写明实体名。

属性：是实体所具有的特性，一个实体可由若干个属性来刻画。在 E-R 图中属性用椭圆形表示，并用无向边将其与相应的实体连接起来。

联系：也称关系，信息世界中反映实体内部或实体之间的关联。实体内部的联系通常是指组成实体的各属性之间的联系；实体之间的联系通常是指不同实体集之间的联系。联系在 E-R 图中用菱形表示，菱形框内写明联系名，并用无向边分别与有关实体连接起来，同时在无向边旁标上联系的类型（1:1、1:n 或 m:n）。

根据前面的分析，网上商城后台管理的 E-R 图如图 7-2 所示，其中商品编号是商品的主键，用户名是用户的主键。

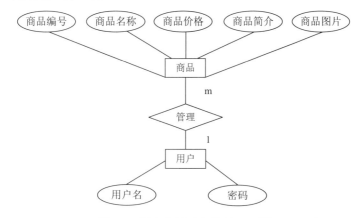

图 7-2　网上商城后台管理 E-R 图

3. 逻辑结构设计

逻辑结构设计主要是将 E-R 图转换为数据库管理系统支持的关系模型。下面给出转换的关系模式，即网站商城数据表的结构。

1）商品表（商品编号，商品名称，商品价格，商品简介，商品图片）。

2）用户表（用户名，密码）。

其中，商品编号是商品表的主键，用户名是用户表的主键。

4. 物理结构设计

物理结构设计主要是结合具体的数据库管理系统，例如 MySQL，为数据表选择合适的存储引擎，为字段选择合适的数据类型等。这里采用 MySQL 数据库管理系统，定义数据库名称为 sp，其中的表格如下。

1）sp_info（商品信息表）：该表主要记录商城中各种商品的基本信息，各个字段结构如表 7-1 所示。

表 7-1　sp_info 表

字段名称	数据类型	是否主键	其他约束	备注说明
spid	int(11)	是	自动增加	商品编号
spname	varchar(100)	否		商品名称
spprice	float(9,2)	否		商品价格
spjianjie	varchar(400)	否		商品简介
sptp	varchar(100)	否		商品图片

2）users（用户表）：该表主要记录用户的基本信息，各个字段结构如表 7-2 所示。

表 7-2　users 表

字段名称	数据类型	是否主键	其他约束	备注说明
username	varchar(50)	是	not null	用户名
userpwd	varchar(50)	否	not null	密码

5. 数据库实施

数据库实施主要是应用 SQL 语句创建数据库，创建数据表，并做好数据库的测试工作。

6. 数据库运行和维护

数据库运行和维护就是将数据库系统正式投入运行，并做好运行期间的维护、更新、备份、升级等工作。

任务 7.2　创建与管理 MySQL 数据库

【任务描述】在 MySQL 中，创建网站 sp 数据库，数据库的编码使用 UTF-8。

【任务分析】创建数据库的过程分为两步：首先启动并登录数据库服务器；再使用 SQL 命令创建和管理数据库。

建立数据库
（微课）

■ **任务相关知识与实施**

7.2.1　登录 MySQL 服务器

在 XAMPP 中登录 MySQL 服务器，可使用命令行方式和图形界面方式。

1. 使用命令行方式登录 MySQL 服务器

在 XAMPP 软件界面，单击 MySQL 服务器右侧的 Start 按钮，启动 MySQL 服务器，如图 7-3 所示。

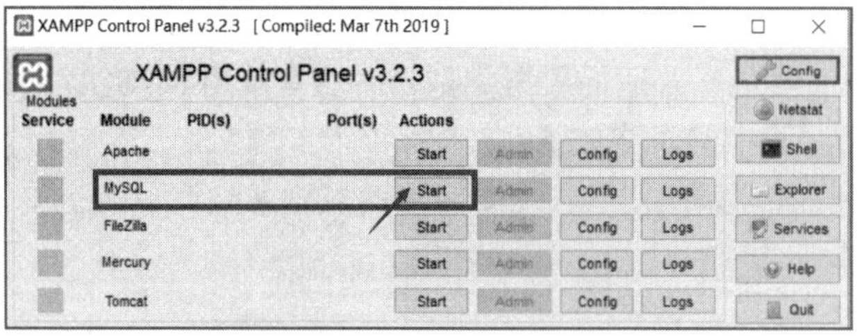

图 7-3　在 XAMPP 中 MySQL 服务器启动界面

启动 MySQL 服务器后，默认端口号是 3306，在操作界面下方的日志中将看到 MySQL 启动的信息，如图 7-4 所示。

单击界面右侧的 Shell 按钮，即可进入命令行界面。MySQL 数据库默认用户名为 root，在界面中输入命令：mysql –u root –p 后按回车键，提示输入密码，默认密码为空，继续按回车键即可进入 MySQL 数据库命令行操作界面，如图 7-5 所示。

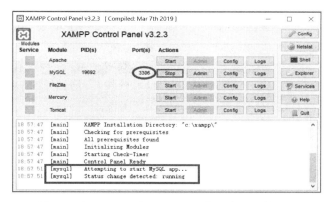

图 7-4　在 XAMPP 中 MySQL 服务器启动后的界面

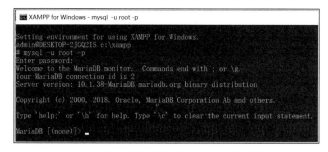

图 7-5　MySQL 命令行操作界面

2. 使用 phpMyAdmin 图形化界面登录 MySQL 服务器

在 XAMPP 软件界面，单击 Apache 服务器右侧的 Start 按钮，启动 Apache 服务器，如图 7-6 所示。

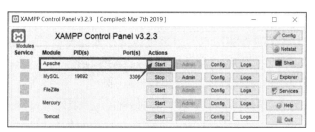

图 7-6　在 XAMPP 中 Apache 服务器启动界面

启动 Apache 服务器后，单击其后的 Admin 按钮，进入 XAMPP 主界面，如图 7-7 所示。

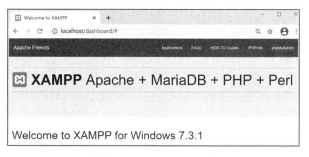

图 7-7　XAMPP 主界面

在页面的右上角单击 phpMyAdmin 超链接, 即可进入 phpMyAdmin 图形管理工具界面, 如图 7-8 所示。

图 7-8 phpMyAdmin 图形管理工具界面

下面主要使用命令行方式创建和管理数据库。在命令行下使用 SQL 命令操作数据库时, 注意 SQL 命令以分号结束。

7.2.2 创建数据库

在 MySQL 中创建数据库的语法格式如下:

```
CREATE  DATABASE  <数据库名称>  [CHARACTER SET utf8];
```

> **注意** 这里 CREATE DATABASE 是固定的 SQL 语句, 用于创建数据库。"数据库名称"由用户命名, 但在同一个数据库服务器上, 数据库名称不能重复。

可选项"CHARACTER SET utf8"用来指定数据库编码格式, 缺省时使用默认的编码格式。为了避免出现汉字乱码, 这里使用 UTF-8 编码格式。

例 7-1 创建名为 sp 的数据库, SQL 语句如下:

```
CREATE DATABASE sp CHARACTER SET utf8;
```

执行结果如图 7-9 所示, SQL 语句执行成功, 说明数据库已经创建。

```
MariaDB [(none)]> create database sp CHARACTER SET utf8 ;
Query OK, 1 row affected (0.00 sec)
```

图 7-9 创建数据库

7.2.3 查看数据库

创建好数据库后, 使用 SHOW DATABASES 语句查看数据库服务器上的数据库, 语法格式如下:

```
SHOW DATABASES;
```

例 7-2 使用 SHOW 语句查看已经存在的数据库, SQL 语句如下:

```
SHOW DATABASES;
```

执行结果如图 7-10 所示。

从上述执行结果中可以看出，例 7-1 创建的数据库 sp 已在列表中，列表中 information_schema、performance_schema、mysql 和 test 四个数据库是 MySQL 安装完成后自动创建的，称为系统数据库。

创建好数据库后，若要查看某个已创建好的数据库信息，可以用 SHOW CREATE DATABASE 语句查看，语法格式如下：

```
SHOW CREATE DATABASE <数据库名称>;
```

例 7-3 查看创建好的数据库 sp 的信息，SQL 语句如下：

```
SHOW CREATE DATABASE sp;
```

执行结果如图 7-11 所示。

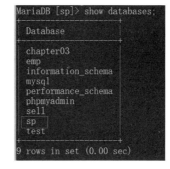

图 7-10　查看服务器上的所有数据库

图 7-11　查看 sp 数据库信息

上述执行结果可以看出，所创建的数据库 sp 的编码方式为 utf8_unicode_ci。

7.2.4　删除数据库

删除数据库后，数据库中的所有数据将被清除，原来分配的空间也将被收回。在 MySQL 中，删除数据库的基本语法格式如下：

```
DROP DATABASE <数据库名称>;
```

例 7-4 删除名为 sp 的数据库。SQL 语句如下：

```
DROP DATABASE sp;
```

执行结果如图 7-12 所示。数据库一旦删除，不可恢复，所以删除操作要慎重。

7.2.5　打开数据库

创建好数据库后就可以在数据库内创建数据表，在对数据库进行操作之前，应使用 USE 命令打开数据库，语法格式如下：

图 7-12　删除 sp 数据库

```
USE <数据库名称>;
```

例如，USE sp; 表示打开 sp 数据库。

任务 7.3　创建与维护数据表

【任务描述】在 sp 数据库中创建 sp_info 数据表和 users 数据表，并对 sp_info 表中记录进行添加、修改、查询、删除操作。

【任务分析】在数据库中创建数据表的过程分为以下步骤：打开数据库；使用 SQL 命令创建数据表；向数据表中添加记录；对表中记录进行查询、修改和记录删除等操作。

■ 任务相关知识与实施

7.3.1 创建数据表

数据库创建成功后，就可以创建数据表。

数据表是数据库中最基本的数据对象。数据表由表的结构和记录组成。创建数据表时，先创建结构，即逐个描述表中的每一个字段，包括字段名、字段的取值类型和字段的约束条件，然后再向表中添加记录。

创建数据表的 SQL 命令语法格式如下：

```
CREATE TABLE <表名>(
<字段名 1>  <字段类型>  [<约束条件>][default <默认值>],
<字段名 2>  <字段类型>  [<约束条件>][default <默认值>],
……
<字段名 n>  <字段类型>  [<约束条件>][default <默认值>],
);
```

1. 字段类型

字段类型即字段的数据类型。MySQL 支持的数据类型有整数类型、小数类型、字符串类型、文本类型以及日期类型、日期时间类型等，下面给出常用的数据类型。

（1）整数类型

整数类型包括 bigint、int、smallint、mediumint 和 tinyint。

int 类型，宽度为 4 字节，表示范围：-2 147 483 648～2 147 483 647。

smallint 类型，宽度为 2 字节，表示范围：-32 768～32 767。

tinyint 类型，宽度为 1 字节，表示范围：-128～127。

（2）小数类型

小数类型包括浮点数类型和定点数类型。浮点数类型使用 float(size,d)表示，定点数类型使用 decimal(size,d)表示，其中 size 表示整个数据位数，d 表示小数部分的位数。例如，decimal(5,2)表示的数值范围是-999.99～999.99。

（3）字符串类型

字符串类型包括定长字符串类型和变长字符串类型。

定长字符串类型使用 char(size)表示，其中 size 表示字符串的最大长度，取值为 1～255。例如，当某个字段类型定义为 char(4)时，不管字段值的长度是多少，所占用的存储空间都是 4 字节。

变长字符串类型用于存储可变长度的字符串，使用 varchar(size)表示，字符串的最大长度由 size 设置，size 取值为 1～65535。例如，varchar(20)表示最多能存储 20 字符长度的字符串。

（4）文本类型

文本类型用于表示大文本数据，使用 text 表示，宽度由系统设定，能够存储更长长度的字符串。

（5）日期类型

日期类型使用 date 表示，宽度由系统设定。在数据库中，日期类型数据是一个符合"YYYY-MM-DD"格式的字符串，表示"年-月-日"。

（6）日期时间类型

日期时间类型使用 datetime 表示，宽度由系统设定，是形如"YYYY-MM-DD HH:MM:SS"的字符串，表示"年-月-日 时:分:秒"。

2. 字段的约束条件

1）not null | null：是否允许取空值。not null 表示字段的值不能为空；null 表示允许字段取空值。缺省时，字段默认为 null。

2）auto_increment：字段的值是否自动增长。若指定了该项，表示允许自动增长。

3）primary key：该字段是否是主键。主键字段的取值不允许为空值。

例 7-5 创建商品信息表 sp_info。创建 sp_info 表的 SQL 语句如下：

```
create table sp_info(
spid int(11) primary key auto_increment,
spname varchar(100),
spprice float(9,2),
spjianjie varchar(400),
sptp varchar(100)
);
```

执行结果如图 7-13 所示。

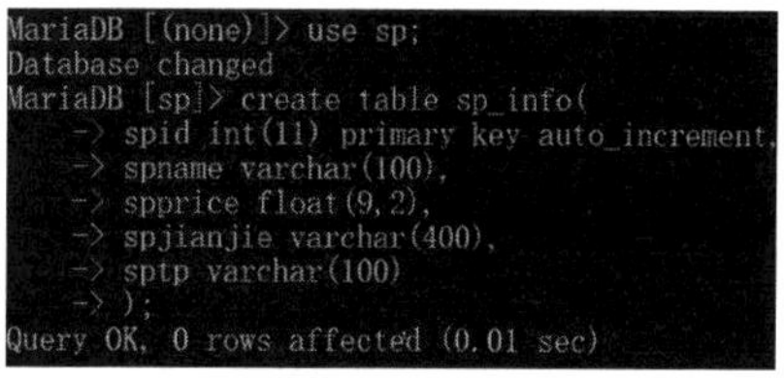

7.3.2 查看数据表

创建好数据表后，可以通过 SHOW CREATE TABLE 语句查看数据表结构的定义，进一步确认数据表的定义是否正确。其语法格式如下：

图 7-13   创建商品信息表 sp_info

```
SHOW CREATE TABLE <表名>
```

例 7-6 使用 SHOW CREATE TABLE 语句查看 sp_info 表结构。

```
SHOW CREATE TABLE sp_info;
```

执行结果如图 7-14 所示。

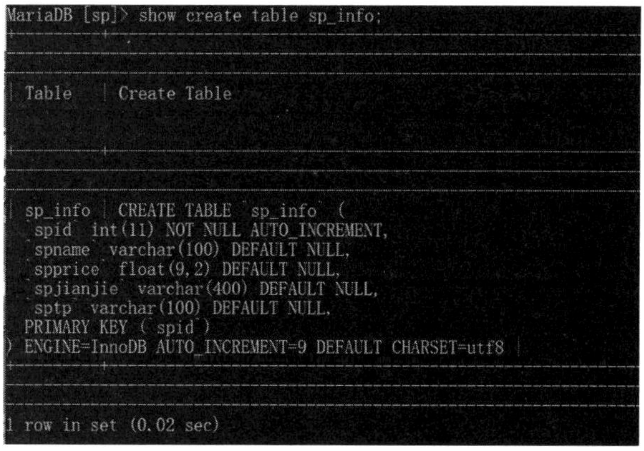

图 7-14   查看数据表 sp_info

还可以使用 DESCRIBE 语句查看数据表。在 MySQL 中，使用 DESCRIBE 语句查看数据表的字段信息，其中包括字段名、数据类型等信息。其基本语法格式如下：

```
DESCRIBE <表名>
```

或简写为

```
DESC <表名>
```

例 7-7 使用 DESCRIBE 语句查看 sp_info 表。

```
desc sp_info;
```

执行结果如图 7-15 所示。

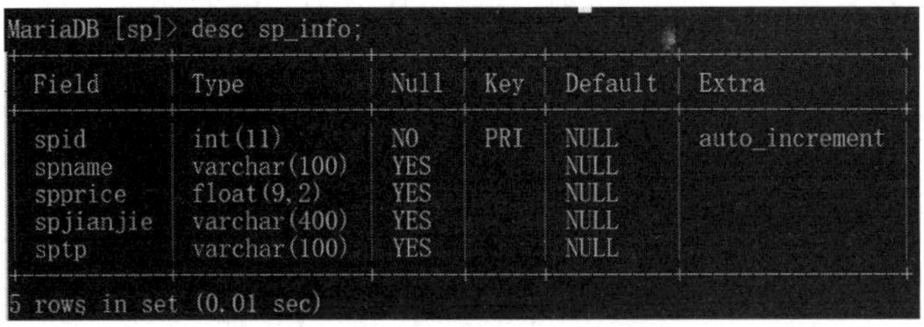

图 7-15　用 desc 查看数据表 sp_info

例 7-8 创建 users 表并查看表结构。命令如下：

```
create table users(
username varchar(50) primary key,
userpwd varchar(50) not null
);
desc users;
```

执行结果如图 7-16 所示。

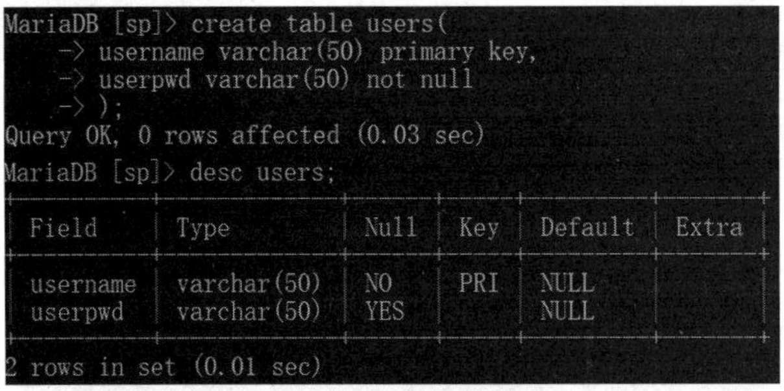

图 7-16　创建数据表 users

这样就在数据库中创建了两张表：sp_info 表和 users 表。可以使用 show tables 命令查看当前数据库中有哪些表，用法如下：

```
MariaDB [sp]> show tables;
```

7.3.3　插入记录

建好数据表结构后，就可以添加记录到数据表中。MySQL 使用 INSERT 语句向数据表中添加数据。该语句的语法格式如下：

```
INSERT INTO <表名>([<字段名 1>,<字段名 2>,……])
VALUES(<值 1>,<值 2>,……);
```

说明：格式中的"字段名 1, 字段名 2, ……"表示数据表中的字段

SQL 语句（微课）

名称，"值 1，值 2，......"表示给每个字段的值，每个值的顺序和类型要与对应的字段相匹配。当字段名缺省时，表示给数据表中所有字段添加数据。

例 7-9 向 sp_info 表中添加一条新记录。命令如下：

```
insert into sp_info values(1,'华为 畅想 10plus',1418,'幻夜黑
128G','1.jpg');
```

执行结果如图 7-17 所示。

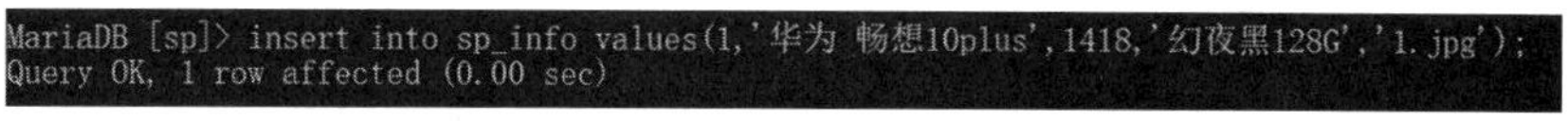

图 7-17   向 sp_info 表中添加一条记录

SQL 语句执行成功后，在 sp_info 表中会添加一条新的记录。为了验证数据是否添加成功，可以使用 SELECT 语句查看 sp_info 表中的数据，查询结果如图 7-18 所示。

图 7-18   向 sp_info 表中添加一条记录

在数据库操作过程中，可能需要同时向数据表中插入多条记录，如果用前面讲述的方法逐条添加，很显然要写多条 INSERT 语句，很烦琐，不易操作。因此，MySQL 提供了使用一条 INSERT 语句同时添加多条记录的功能，其语法格式如下：

```
INSERT INTO 表名 (字段名1,字段名2,......)
VALUES(值1,值2,......),(值1,值2,......),
…
(值1,值2,......);
```

在上述语法格式中，"(字段名 1，字段名 2，......)"是可选的，用于指定插入的字段名。"(值 1，值 2，......)"表示要插入的记录，该记录可以有多条，并且每条记录之间用逗号隔开。

例 7-10 向 sp_info 表中添加多条新记录。插入语句如下：

```
insert into sp_info
values(2,'红米 note9',1299,'5G手机','2.jpg'),
(3,'OPPO Reno4 Pro',3299,'7.6mm超轻薄','3.jpg'),
(4,'vivo iQOO Neo',2698,'夜幕黑128G','4.jpg'),
(5,'华为 P40 Pro',6488,'5G SoC芯片','5.jpg'),
(6,'荣耀 30 Pro',3999,'5G手机','6.jpg'),
(7,'荣耀 V40',9998,'5G手机','7.jpg'),
(8,'小米 10',5299,'双模5G','8.jpg');
```

执行效果如图 7-19 所示。

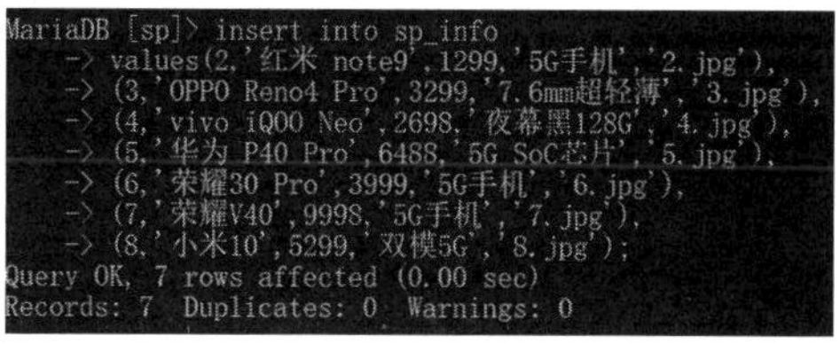

图 7-19   向 sp_info 表中添加多条记录

从执行结果可以看出，INSERT 语句成功执行。其中，"Records:7"表示添加七条记录；"Duplicates:0"表示添加的七条记录没有重复；"Warning:0"表示添加记录时没有警告。

需要注意的是同时添加多条记录时，可以不指定字段列表，但是需要保证 VALUES 后面值列表依照字段在表中定义的顺序即可。查询添加记录后的数据表，执行结果如图 7-20 所示。

图 7-20   查询 sp_info 表记录

7.3.4   更新记录

更新记录指对表中的记录进行修改，MySQL 中使用 UPDATE 语句用来更新表中记录，其基本语法格式如下：

```
UPDATE <表名>
SET  <字段名 1>=<值 1>[,<字段名 2>=<值 2>,…]
[WHERE <条件表达式>]
```

说明："字段名 1""字段名 2"用于指定要更新的字段名称，"值 1""值 2"用于表示字段更新的数据。SET 子句指出要修改的字段及给定的值。WHERE 子句用来设定条件，只更新条件匹配的记录行，如果 WHERE 子句缺省，则更新所有记录行。

例 7-11 更新 sp_info 表中 spid 字段值为 3 的记录，将 spprice 字段值更新为 3699。语句如下：

```
update sp_info set spprice=3699 where spid=3;
```

执行结果如图 7-21 所示，可以看到 spid=3 的记录的 spprice 字段值已被修改。

图 7-21   更新 sp_info 表中 spid=3 的记录

如果没有使用 WHERE 子句，则会将表中所有记录的指定字段都进行更新。

例 7-12 更新 users 表中所有用户的密码为"123456"。首先 users 表中添加三条数据，添加记录的语句如下：

```
    Insert into users values('李芳','lifang'),('王丽','wangli'),('陈军',
'chenjun');
```

执行结果如图 7-22 所示。

图 7-22　向 users 表添加记录

然后更新所有用户的密码为"123456"，更新语句如下：

```
    update users set userpwd='123456';
```

执行结果如图 7-23 所示。可以看到所有记录的 userpwd 字段值都被修改。

图 7-23　修改 users 表所有记录的 userpwd 字段

7.3.5　删除记录

MySQL 中使用 DELETE 语句删除表中记录。其基本语法如下：

```
    DELETE FROM <表名>  [WHERE <条件表达式>];
```

说明：WHERE 子句指定删除数据表中符合条件的记录。如果 WHERE 子句缺省，则将删除表中的所有记录。

例 7-13　在 users 表中，删除 username 字段值为"李芳"的记录。语句如下：

```
    DELETE FROM users WHERE username='李芳';
```

执行结果如图 7-24 所示。从查询结果中，可以看到 username 字段值为"李芳"的记录已被删除。

图 7-24　删除 users 表 username 字段值为"李芳"的记录

7.3.6 查询记录

在数据库中最频繁的操作是查询数据。用户可以根据自己需要从指定的数据库中获取所需要的数据。MySQL 中使用 SELECT 语句进行数据查询，其基本语法格式如下：

```
SELECT [DISTINCT] *|{<字段名 1>, <字段名 2>,……}
FROM <表名>
[WHERE <条件表达式 1>]
[GROUP BY <字段名> [HAVING <条件表达式 2>]]
[ORDER BY <字段名> [ASC|DESC]]
[LIMIT [OFFSET] <记录数>]
```

上述语法格式中每个子句的含义如下。

<字段名 1>, <字段名 2>,……参数表示需要查询的字段名；DISTINCT 是可选参数，用于去掉查询结果中的重复数据。"*"代表查询全部字段。

FROM <表名>：指的是要查询的数据表的名称。

WHERE<条件表达式 1>：表示查询条件，如果省略，表示输出全部记录。

GROUP BY：表示按该字段中的数据进行分组。HAVING<条件表达式 2>：只有当 GROUP BY 被选中时才有效，用来提取符合条件的分组。

ORDER BY：表示按该字段中数据进行排序。ASC 参数表示按升序的顺序进行排序，是默认参数；DESC 参数表示按降序的顺序排序。

LIMIT [OFFSET] <记录数>：用于限制查询结果的数量，第一个参数 OFFSET 表示偏移量，如果偏移量为 0，则从查询结果中的第一条记录开始，后面依次类推。第二个参数"记录数"表示返回查询结果的记录条数。

查询记录相对记录的插入、更新、删除操作要复杂一些，下面将通过具体的案例对 SELECT 语句的基本使用方法依次进行介绍。

1. 查询所有字段

查询所有字段的语法格式如下：

```
SELECT * FROM 表名;
```

例 7-14 查询 sp_info 表中所有字段。

```
SELECT * FROM sp_info;
```

查询结果如图 7-25 所示。由于没有指定查询条件，因此输出所有记录。

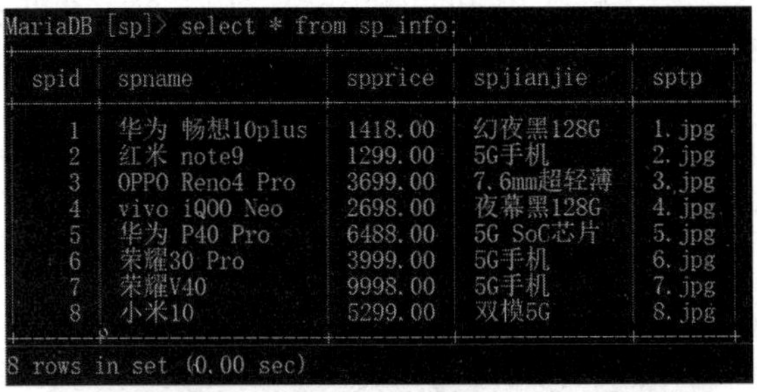

图 7-25 查询 sp_info 表中所有字段

2. 查询指定字段

查询数据时，可以在 SELECT 语句的字段列表中指定要查询的字段，即 MySQL 可以实现只对表中部分字段进行查询，其语法格式如下：

```
SELECT 字段名1[,字段名2,…,字段名n] FROM 表名;
```

例 7-15 使用 SELECT 语句查询 sp_info 表中 spname 字段和 spprice 字段。

```
SELECT spname,spprice FROM sp_info;
```

查询结果如图 7-26 所示，只输出指定的字段。

```
MariaDB [sp]> SELECT spname,spprice FROM sp_info;

 spname            spprice

 华为 畅想10plus    1418.00
 红米 note9         1299.00
 OPPO Reno4 Pro     3699.00
 vivo iQOO Neo      2698.00
 华为 P40 Pro       6488.00
 荣耀30 Pro         3999.00
 荣耀V40            9998.00
 小米10             5299.00

8 rows in set (0.00 sec)
```

图 7-26 查询 sp_info 表中指定字段

3. 用 WHERE 子句查询满足条件的记录

在 SELECT 语句中，通过 WHERE 子句定义查询条件。基本语法格式如下：

```
SELECT <字段名1>[,<字段名2>,…,<字段名n>]
FROM <表名>
WHERE <条件表达式>;
```

功能：输出满足条件的记录。

说明：条件的表示可以是关系表达式或者逻辑表达式等几种形式，如表 7-3 所示。

表 7-3 常用运算符

运算符	实例
=、>、<、>=、<=、<>	spprice>18
NOT、AND、OR	spprice>18 AND spname LIKE "%华为%"
IN	spid IN(1,2,3)
LIKE	spname LIKE "%华为%"
BETWEEN …AND…	spprice BETWEEN 12 AND 28
IS NULL	spjianjie IS NULL

下面分别举例说明。

（1）用关系运算符表示查询条件

例 7-16 使用 SELECT 语句查询 spid 为 5 的商品名称、商品简介。查询语句如下所示：

```
SELECT spname,spjianjie  FROM sp_info WHERE spid=5;
```

执行结果如图 7-27 所示。

```
MariaDB [sp]> SELECT spname,spjianjie `FROM sp_info WHERE spid=5;

 spname          spjianjie

 华为 P40 Pro    5G SoC芯片

1 row in set (0.00 sec)
```

图 7-27 查询 spid=5 的记录

（2）带 IN 关键字的查询

IN 操作符用来查询满足指定范围内的条件的记录，使用 IN 操作符将所有检索条件用括号括起来，检索条件之间用逗号隔开，只要满足条件范围内的一个值即为匹配项。其用法如下：

```
WHERE <字段名> [NOT] IN (<元素1>,<元素2>,……)
```

在上述语法格式中，"元素1,元素2,……"表示集合中的元素在指定的条件范围内，NOT 是可选参数，NOT IN 表示查询不在 IN 关键字指定集合范围中的记录。

例7-17 查询 sp_info 表中 spid 值为 1、2、3 的记录。SQL 语句如下：

```
SELECT * FROM sp_info WHERE spid IN(1,2,3);
```

执行结果如图 7-28 所示。

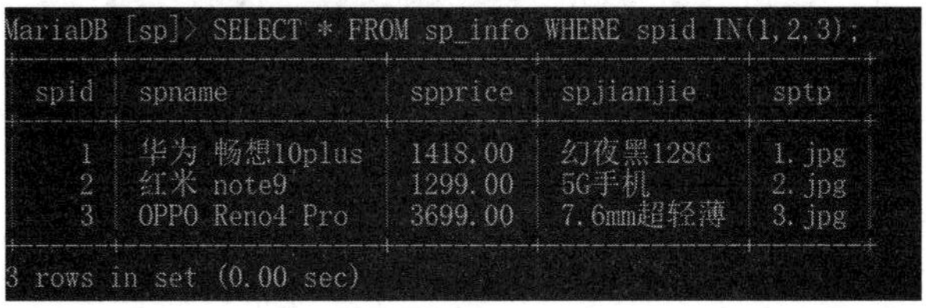

图 7-28　IN 关键字查询

（3）带 BETWEEN AND 的范围查询

例7-18 查询 sp_info 表中 spid 值在 2~5 的商品名称。SQL 语句如下：

```
SELECT spid,spname FROM sp_info WHERE spid BETWEEN 2 AND 5;
```

执行结果如图 7-29 所示。

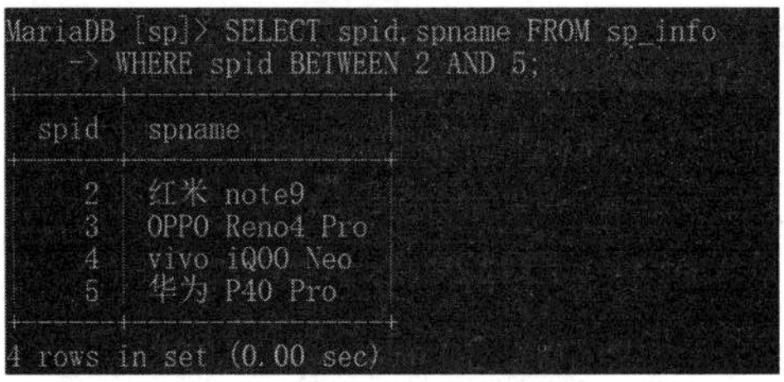

图 7-29　BETWEEN AND 范围查询

（4）带 LIKE 的字符匹配查询

LIKE 关键字使用通配符来进行匹配查找。通配符是一种在 SQL 的 WHERE 条件子句中拥有特殊意思的字符，和 LIKE 一起使用的通配符有 "%" 和 "_"。

百分号通配符 "%"：匹配任意长度的字符，甚至包括零字符。

下划线通配符 "_"：一次只能匹配任意一个字符。

使用 LIKE 关键字的 WHERE 子句形式如下：

```
WHERE 字段名 [NOT] LIKE '匹配字符串';
```

例7-19 查找 sp_info 表中 spname 字段值含有"华为"的商品信息。SQL 语句如下：

```
SELECT * FROM sp_info WHERE spname LIKE "%华为%";
```

执行结果如图 7-30 所示。

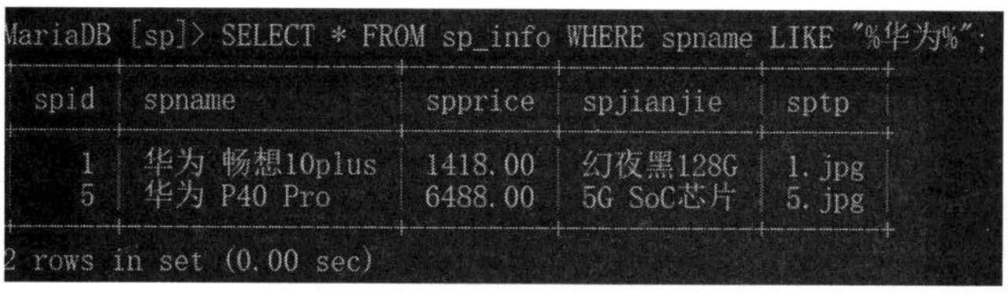

图 7-30 用%通配符进行条件查询

例 7-20 查找 sp_info 表中 spname 字段值第二个字为"米"的商品信息。SQL 语句如下：

```
SELECT * FROM sp_info WHERE spname LIKE "_米%";
```

执行结果如图 7-31 所示。

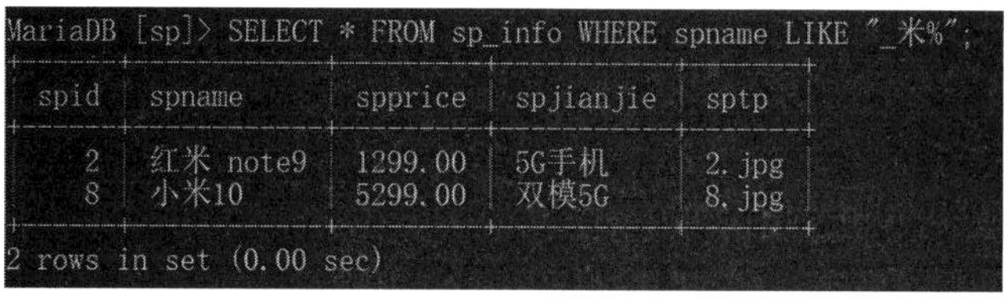

图 7-31 用_通配符进行条件查询

（5）查询空值

空值不同于 0，也不同于空字符串。空值一般表示数据未知、不适用或将在以后添加数据。在 SELECT 语句中使用 IS NULL 子句，可以查询某字段内容为空记录，使用 IS NULL 关键字的 WHERE 子句形式如下：

```
WHERE 字段名 IS [NOT] NULL;
```

在上述语法格式中，NOT 是可选参数，使用 NOT 关键字用于判断字段不是空值。

例 7-21 查询 sp_info 表中 spjianjie 为空值的记录。SQL 语句如下：

```
SELECT spid,spname FROM sp_info WHERE spjianjie IS null;
```

验证查询结果，首先在 sp_info 中插入如下一条记录：

```
insert into sp_info values(9,'荣耀 30',6458,null,'10.jpg');
```

然后使用 SELECT 语句查看 spjianjie 为空值的记录，执行结果如图 7-32 所示。

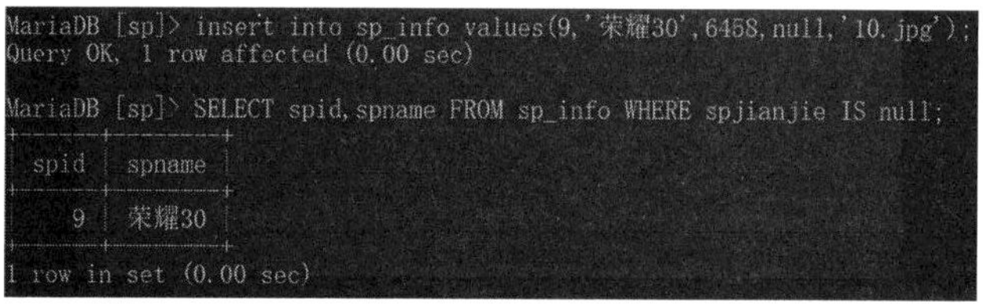

图 7-32 查询空值

（6）带 AND 的多条件查询

在 WHERE 子句中，AND 用来连接两个甚至多个查询条件，表示所有的条件都需要满足才会返回值。

例 7-22 查询 sp_info 表中 spname 字段值含有"华为"，并且 spprice 小于 2000 的商品编号和商品名称。SQL 语句如下：

```
SELECT * FROM sp_info
```

```
WHERE spname LIKE "%华为%" AND spprice<2000;
```

执行结果如图 7-33 所示。

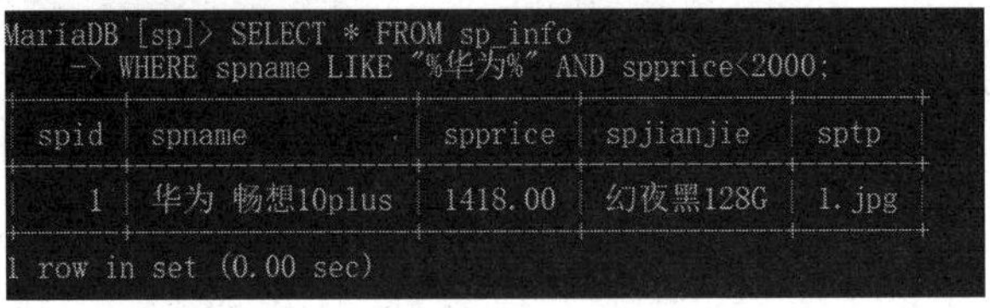

```
MariaDB [sp]> SELECT * FROM sp_info
    -> WHERE spname LIKE "%华为%" AND spprice<2000;
+------+------------------+---------+------------+-------+
| spid | spname           | spprice | spjianjie  | sptp  |
+------+------------------+---------+------------+-------+
|    1 | 华为 畅想10plus  | 1418.00 | 幻夜黑128G | 1.jpg |
+------+------------------+---------+------------+-------+
1 row in set (0.00 sec)
```

图 7-33　AND 多条件查询

（7）带 OR 的多条件查询

在 WHERE 子句中，OR 用来连接两个甚至多个查询条件，表示所有的条件仅需满足其中之一项便会返回值。

例 7-23 查询 sp_info 表中 spprice 字段值小于 2000，或者 spprice 大于 9000 的商品信息。SQL 语句如下：

```
SELECT * FROM sp_info WHERE spprice <2000 OR spprice>9000;
```

执行结果如图 7-34 所示。

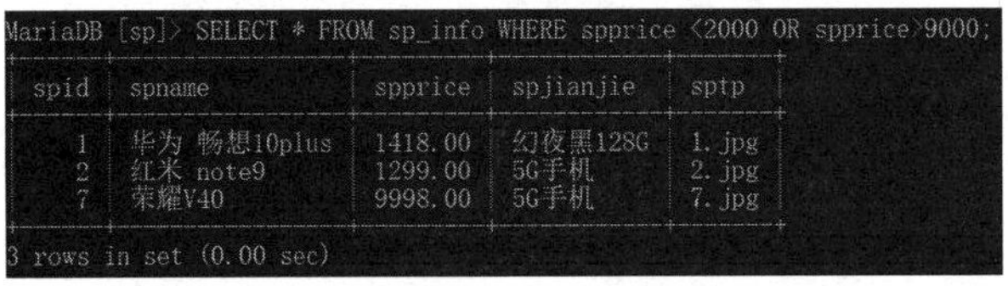

```
MariaDB [sp]> SELECT * FROM sp_info WHERE spprice <2000 OR spprice>9000;
+------+------------------+---------+------------+-------+
| spid | spname           | spprice | spjianjie  | sptp  |
+------+------------------+---------+------------+-------+
|    1 | 华为 畅想10plus  | 1418.00 | 幻夜黑128G | 1.jpg |
|    2 | 红米 note9       | 1299.00 | 5G手机     | 2.jpg |
|    7 | 荣耀V40          | 9998.00 | 5G手机     | 7.jpg |
+------+------------------+---------+------------+-------+
3 rows in set (0.00 sec)
```

图 7-34　OR 多条件查询

以上就是进行条件查询时，构造条件表达式的常用运算符，熟练使用这些查询条件，可以构造更为复杂的查询。

4. 对查询结果排序

数据表查询结果中的数据可能是无序的，或者顺序排列不符合用户期望，可使用 ORDER BY 子句来对查询的结果进行排序。参数 DESC 表示降序排序，参数 ASC 表示升序排序，也是默认排序方式。

例 7-24 查询 sp_info 表中商品名称中包含“华为”的商品信息，按照 spprice 降序输出查询结果。SQL 语句如下：

```
SELECT * FROM sp_info
WHERE spname LIKE "%华为%"
ORDER BY spprice DESC;
```

执行结果如图 7-35 所示。

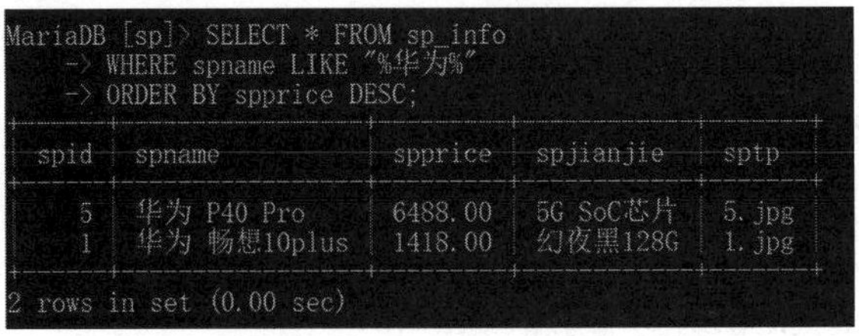

```
MariaDB [sp]> SELECT * FROM sp_info
    -> WHERE spname LIKE "%华为%"
    -> ORDER BY spprice DESC;
+------+------------------+---------+------------+-------+
| spid | spname           | spprice | spjianjie  | sptp  |
+------+------------------+---------+------------+-------+
|    5 | 华为 P40 Pro     | 6488.00 | 5G SoC芯片 | 5.jpg |
|    1 | 华为 畅想10plus  | 1418.00 | 幻夜黑128G | 1.jpg |
+------+------------------+---------+------------+-------+
2 rows in set (0.00 sec)
```

图 7-35　查询结果降序输出

5. 分组查询

使用 GROUP BY 语句来对数据进行分组，形式如下：

```
GROUP BY <字段名1>,<字段名2>,…[HAVING <条件表达式>]
```

注意　HAVING 关键字用于指定条件表达式来对分组后的内容进行过滤。

例 7-25 查询 sp_info 表中的商品信息，按 spprice 分组，输入大于 6000 元的商品。SQL 语句如下：

```
SELECT * FROM sp_info
GROUP BY spprice HAVING spprice>6000;
```

执行结果如图 7-36 所示。

```
MariaDB [sp]> SELECT * FROM sp_info
    -> GROUP BY spprice HAVING spprice>6000;
+------+--------------+---------+------------+--------+
| spid | spname       | spprice | spjianjie  | sptp   |
+------+--------------+---------+------------+--------+
|    9 | 荣耀30       | 6458.00 | NULL       | 10.jpg |
|    5 | 华为 P40 Pro | 6488.00 | 5G SoC芯片 | 5.jpg  |
|    7 | 荣耀V40      | 9998.00 | 5G手机     | 7.jpg  |
+------+--------------+---------+------------+--------+
3 rows in set (0.00 sec)
```

图 7-36　分组查询

6. 使用 LIMIT 限制查询结果的数量

LIMIT 子句用来限制输出结果的记录数，基本语法格式如下：

```
LIMIT [位置偏移量,] <记录数>
```

说明：位置偏移量可以缺省，默认初始值是 0，表示显示查询数据从数据表第一条记录开始显示，后面依次类推。记录数表示总共显示多少条数据。

例 7-26 查询 sp_info 表中从第 2 条到第 5 条的商品信息。

分析：第 2 条记录的偏移量是 1，第 2 条到第 5 条总共是 4 条记录，因此是 LIMIT 1,4。SQL 语句如下：

```
SELECT * FROM sp_info LIMIT 1,4
```

执行结果如图 7-37 所示。可以看到，显示的正是数据表的第 2 条到第 5 条记录。

```
MariaDB [sp]> SELECT * FROM sp_info LIMIT 1,4;
+------+----------------+---------+-------------+-------+
| spid | spname         | spprice | spjianjie   | sptp  |
+------+----------------+---------+-------------+-------+
|    2 | 红米 note9     | 1299.00 | 5G手机      | 2.jpg |
|    3 | OPPO Reno4 Pro | 3699.00 | 7.6mm超轻薄 | 3.jpg |
|    4 | vivo iQOO Neo  | 2698.00 | 夜幕黑128G  | 4.jpg |
|    5 | 华为 P40 Pro   | 6488.00 | 5G SoC芯片  | 5.jpg |
+------+----------------+---------+-------------+-------+
4 rows in set (0.00 sec)
```

图 7-37　限量查询

以上就是数据查询的基本内容。所有案例的查询数据均来自于 sp_info 数据表，这种数据来源于单个表的查询成为单表查询。当查询的数据需要从多个表中读取时，就是多表查询。通过在 from 子句中增加表，可以实现多表查询。关于多表查询，这里不再讲述，感兴趣的读者可以查阅相关资料学习。

7.3.7 删除数据表

在删除数据表的同时，数据表中存储的数据都将被删除。在 MySQL 中，可以直接使用 DROP TABLE 语句删除数据表，其基本语法格式如下：

```
DROP TALE 数据表名;
```

例 7-27 删除数据表 users。SQL 语句如下：

```
DROP TABLE users;
```

为了验证数据表 users 是否真的被删除，可以通过 DESC 语句查看一下，结果如图 7-38 所示。可以看出 users 数据表已经不存在，说明数据表 users 已经成功删除。

```
MariaDB [sp]> drop table users;
Query OK, 0 rows affected (0.04 sec)

MariaDB [sp]> desc users;
ERROR 1146 (42S02): Table 'sp.users' doesn't exist
```

图 7-38　删除数据表

至此，创建数据表并对数据表的记录进行添加、修改、查询和删除操作完成。

任务 7.4　数据库备份与恢复

【任务描述】学习数据备份的必要性，备份 sp 数据库，使用备份文件恢复数据库。

【任务分析】备份数据库有两种方法：使用 mysqldump 命令备份数据库；使用数据导出工具备份数据库。对应的恢复数据库的方法也有两种：使用 source 命令恢复数据库；使用数据库导入工具恢复数据库。

数据库备份与还原（微课）

■ **任务相关知识与实施**

7.4.1 用 mysqldump 备份数据库

在数据库的使用过程中，数据需要经常备份，以便在数据库遭到破坏或其他情况下重新恢复数据。在 MySQL 中备份数据库，是将数据库中的数据备份成一个扩展名为.sql 的文件，此文件可以用于数据恢复和数据迁移，也可以用于数据库的查看与编辑。

MySQL 提供了 mysqldump 命令，可以实现数据的备份。这个文件存储于 MySQL 目录的 bin 目录，其语法格式如下：

```
mysqldump -u username -p password dbname >filename.sql
```

参数说明：-u 后面的参数 username 表示登录 MySQL 服务器的用户名；-p 后面的 password 表示登录密码；dbname 表示需要备份的数据库名称；filename.sql 表示产生的备份文件名，文件名称之前可以加上绝对路径。

例 7-28 使用 mysqldump 命令备份 sp 数据库至 C 盘 backup 文件夹。语句如下：

```
mysqldump -u root -p sp >c:/backup/sp.sql
```

备份命令的操作过程如图 7-39 所示。

需要注意的是：数据库备份命令在 Windows 命令窗口中执行，不是在 MySQL 的命令行中执行。执行命令前，需要先进入 MySQL 目录的 bin 目录。

图 7-39　用 mysqldump 命令备份 sp 数据库

上述命令执行成功后，在 c:/backup 文件夹中生成 sp.sql 文件。可以移动或者拷贝该文件，在数据恢复时使用。

7.4.2　还原数据库

当数据库中的数据遭到破坏时，可以通过备份好的数据文件对数据进行恢复，这里所说的恢复是指恢复数据库中的数据，而数据库是不能被还原的，因此在恢复数据库之前，要先创建数据库，然后再用备份文件恢复数据到数据库中。

恢复数据库可以使用 source 命令。与备份不同的是，数据恢复需要先登录 MySQL 命令界面。source 命令语法格式如下：

```
source <备份文件名>
```

例 7-29　使用备份文件 c:\backup\sp.sql 恢复数据到 sp2 数据库。步骤如下：

1）登录到 MySQL 服务器。

2）在 MySQL 提示符下创建 sp2 数据库并配置字符集。

3）打开 sp2 数据库。

4）用 source 命令恢复：source c:/backup/sp.sql。

注意　这里的文件路径要用"/"替换默认的路径符"\"，执行过程如图 7-40 所示。

查看恢复的 sp2 数据库，结果如图 7-41 所示。

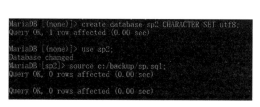

图 7-40　用 source 命令恢复数据库　　　　图 7-41　查看恢复的 sp2 数据库

7.4.3　用 phpMyAdmin 导出/导入数据库

MySQL 提供了数据导出/导入工具，以方便用户使用可视化方式对数据库进行备份与恢复。这里使用 phpMyAdmin 完成数据的备份与恢复。

1. 数据导出

这里以导出 sp 数据库为例，操作过程如下：

1）登录到 phpMyAdmin。在图 7-42 中，选择左侧的 sp 数据库，然后单击右上方的"导出"按钮。

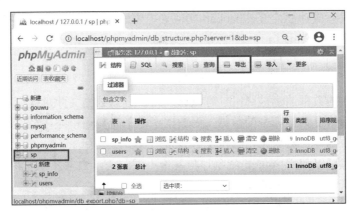

图 7-42　选择 sp 数据库

2）在出现的如图 7-43 所示的导出窗口中直接单击"执行"按钮，就会在浏览器中自动下载，得到备份文件 sp.sql。

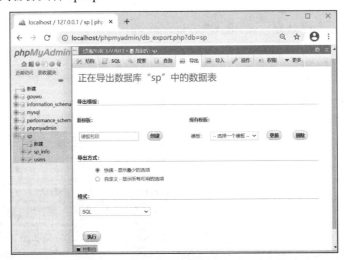

图 7-43　导出 sp 数据库

2. 数据导入

数据导入时，需要先创建一个数据库。这里以使用备份文件 sp.sql 导入数据到 sp3 数据库为例，说明操作过程如下：

1）新建 sp3 数据库，并设置与原数据库相同的字符集 utf8_general_ci，如图 7-44 所示，然后单击"创建"按钮。

2）在出现的图 7-45 中选择刚才创建的 sp3 数据库，单击"导入"按钮。

3）在出现的"正在导入到数据库'sp3'"窗口中，如图 7-46 所示，单击"选择文件"按钮,到本地文件夹中选择刚才导出的 **sp.sql** 文件,然后单击"执行"按钮,即可导入相应的数据。

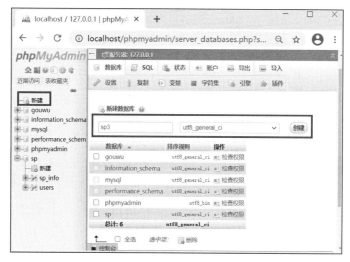

图 7-44　创建 sp3 数据库(一)

图 7-45　创建 sp3 数据库(二)

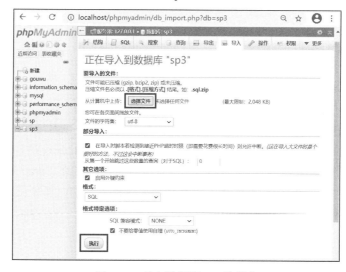

图 7-46　导入数据到 sp3 数据库

在数据导入成功后，会显示如图 7-47 所示的信息。

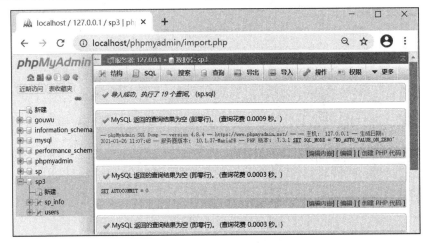

图 7-47　导入数据成功

这样，就完成了数据的备份与恢复。

项目总结

本项目旨在使读者了解网站后台数据库设计及创建过程。本项目主要介绍了网站后台数据库设计的步骤，系统介绍了如何应用 MySQL 创建数据库和数据表，通过案例介绍了数据表的创建、查看、更新、删除、查询等方法。除此之外，还介绍了数据库备份和还原的方法，为后续网站的设计和开发奠定基础。

项目测试

知识测试

一、选择题

1．查看表结构可以用以下（　　　）语句。

　　A．FIND　　　　　B．SELETE　　　　C．DESC　　　　　　D．ALTER

2．在 SELECT 语句中，用于指定表名的关键字是（　　　）。

　　A．SELECT　　　　B．FROM　　　　　C．ORDER BY　　　　D．HAVING

3．下列 SQL 语句中，可以删除数据表 grade 的是（　　　）。

　　A．DELETE FROM grade;　　　　　　B．DROP TABLE grade;

　　C．DELETE grade;　　　　　　　　　D．ALTER TABLE grade DROP grade;

4．下面选项中，用于判断某个字段的值不在指定集合中，可使用的判断关键字是

（　　　）。

　　A．OR 关键字　　B．NO IN 关键　　C．IN 关键字　　　　D．NOT IN 关键字

5．下列选项中，用于向表中添加记录的关键字是（　　　）。

　　A．ALTER　　　　B．CREATE　　　　C．UPDATE　　　　　D．INSERT

　　6. 已知用户表 user 中存在字段 count，现要查询 count 字段值为 null 的用户，下面 SQL 语句中正确的是（　　　）。

　　　　A．SELECT * FROM user WHERE count = null;

　　　　B．SELECT * FROM user WHERE count link null;

　　　　C．SELECT * FROM user WHERE count = 'null';

　　　　D．SELECT * FROM user WHERE count is null;

　　7. 下列关于向表中添加记录时不指定字段名的说法中，正确的是（　　　）。

　　　　A．值的顺序任意指定

　　　　B．值的顺序可以调整

　　　　C．值的顺序必须与字段在表中的顺序保持一致

　　　　D．以上说法都不对

　　8. 用 IS NULL 关键字可以判断字段的值是否为空值，IS NULL 关键字应该使用在下列选项的（　　　）子句之后。

　　　　A．ORDER BY　　　B．WHERE　　　C．SELECT　　　　D．LIMIT

　　9. 下面选项中，删除表中全部数据的 SQL 语句关键字是（　　　）。

　　　　A．SELECT　　　　B．DROP　　　C．DELETE　　　　D．ALTER

　　10. 下面选项中，代表匹配任意长度字符串的通配符是（　　　）。

　　　　A．%　　　　　　B．*　　　　　C．_　　　　　　　D．?

　　11. 下面用于判断某个字段的值是否在指定集合中的关键字是（　　　）。

　　　　A．OR 关键字　　　B．LIKE 关键字　　C．IN 关键字　　　　D．AND 关键字

　　12. SELECT 语句中，用于对查询结果进行分组的关键字是（　　　）。

　　　　A．HAVING　　　　B．GROUP BY　　C．WHERE　　　　D．ORDER BY

　　13. 使用 LIKE 关键字实现模糊查询时，常用的通配符包括（　　　）。

　　　　A．%与*　　　　　B．*与?　　　　C．%与_　　　　　D．_与*

　　14. 在使用 SELECT 语句查询数据时，将多个条件组合在一起，其中只要有一个条件符合要求，这条记录就会被查出，此时使用的连接关键字是（　　　）。

　　　　A．AND　　　　　　B．OR　　　　　C．NOT　　　　　D．以上都不对

　　15. 下列选项中，用于连接多个查询条件，当这些条件都为真时，这条记录才会被查出，此时使用的关键字是（　　　）。

　　　　A．AND　　　　　　B．OR　　　　　C．NOT　　　　　D．以上都不对

二、简答题

　　1. 已知数据库中有一张 student 表，表中有字段 id、name、class，查询出表中 class 等于 3 的所有信息，写出实现该功能的 SQL 语句。

　　2. 已知数据库中有一张 user 表，表中有字段 id、name。请查询出表中编号不为 2、3、5、7 的用户信息，写出实现该功能的 SQL 语句。

　　3. 已知数据库中有一张商品表，表中有字段商品编号、商品名称、商品类别、仓库。请写出按照商品编号、商品名称的显示顺序查询这两个字段的 SQL 语句。

技能测试

1. 创建数据库 emp，设置字符集为 utf8_general_ci。
2. 在 emp 数据库中创建数据表 employee，其结构如图 7-48 所示。

#	名字	类型	排序规则	属性	空	默认	注释	额外
1	id	int(3)			否	无		AUTO_INCREMENT
2	name	varchar(20)	utf8_general_ci		否	无		
3	dept	varchar(20)	utf8_general_ci		是	NULL		
4	gender	char(10)	utf8_general_ci		是	NULL		

图 7-48　数据表 employee

3. 给 emp 数据库 employee 表中插入如下记录。

表 7-4　插入记录信息

编号 id	姓名 name	部门 dept	性别 gender
1	Tom	Business Office	man
2	Jack	Business Office	man
3	Juli	Personnel Department	woman
4	Jama	Personnel Department	woman

4. 查询 employee 表中姓名字段中含有字母"a"的员工信息。
5. 查询 employee 表中姓名字段以"J"开头并且有 5 个字母的员工信息。
6. 修改 employee 表中姓名为"Juli"的记录，将其姓名改为"朱莉"。
7. 查询 employee 表中记录，按部门分组，输出"Business Office"组。
8. 删除表中编号是 2 的记录。

学习效果评价

序号	评价内容	个人自评	同学互评	教师评价
1	了解网站功能分析与设计的过程			
2	能够登录 MySQL 服务器			
3	能够创建 MySQL 数据库、数据表			
4	能够进行数据表记录的插入、更新、删除和查询操作			
5	能够使用 MySQL 图形化管理工具 phpMyAdmin			
6	能够备份和还原 MySQL 数据库			
7	实事求是：根据实际应用分析需求，设计数据库逻辑模型			
8	精益求精：合理设计数据库，便于用户精确查询			
9	操作数据库过程中对错误的分析和处理			

评价标准

A：能够独立完成，熟练掌握，灵活应用，有创新

B：能够独立完成

C：不能独立完成，但能在帮助下完成

项目综合评价：>7 个 A，认定优秀；5~7 个 A，认定良好；<5 个 A，认定及格

项目 *8*

PHP 操作 MySQL 数据库

知识目标 ☞
- 理解 PHP 访问 MySQL 数据库的原理。
- 理解 PHP 访问 MySQL 数据库的过程和方法。
- 学习使用 mysqli 函数操作数据库。

技能目标 ☞
- 能够使用 PHP 从 MySQL 数据库中读取数据。
- 能够使用 PHP 向 MySQL 数据库中写入数据。
- 应用 PHP 和 MySQL 制作动态网页。

思政目标 ☞
- 培养严谨的学习态度。
- 培养自主学习和创新能力。
- 培养团队合作与沟通能力。

在网站建设和运行过程中,需要对后台数据库进行读写数据操作。编写 PHP 程序实现从 MySQL 数据库中读写数据,是必须掌握的一项非常重要的技能。本项目以电商网站中常见的会员管理模块和商品数据管理模块为例,主要介绍如何通过 PHP 操作 MySQL 数据库,实现从数据库中读取数据,并对数据库中的数据进行添加、修改、删除等操作。掌握使用 PHP 技术访问 MySQL 数据库的一般方法。

数据库准备:本项目需要使用 MySQL 数据库。在 phpMyAdmin 中,创建 sp 数据库,数据库编码选择"utf8_general_ci",导入项目 7 所创建的 sp 数据库,其中含有 sp_info 数据表和 users 数据表。

任务 8.1　使用 mysqli 访问 MySQL 数据库

【任务描述】使用 PHP 读取 sp 数据库中 sp_info 数据表的内容并显示。

【任务分析】PHP 与 MySQL 是两个不同的环境,MySQL 是数据提供者,PHP 可以通过 Web 读写 MySQL 中的数据。实现思路:使用 PHP mysqli 扩展库中的函数连接到 MySQL 服务器,选择要使用的数据库,发送 SQL 操作,获取操作结果并输出。

连接数据库服务器
(微课)

PHP 读取数据库
(微课)

■ **任务相关知识与实施**

PHP 访问 MySQL 数据库主要有以下基本步骤：连接到 MySQL 数据库服务器；选择要操作的数据库；对数据库执行 SQL 操作，获取操作结果；解析结果集；关闭连接，释放资源。下面分别进行介绍。

8.1.1 连接 MySQL 服务器

PHP 通过预先写好的一系列函数与 MySQL 数据库进行通信，向数据库发送指令，接收返回数据等。图 8-1 展示了 PHP 程序连接到 MySQL 数据库服务器的原理。PHP 程序通过函数连接到数据库服务器，对指定的数据库和数据表进行操作。PHP 并不是直接操作数据库中的数据，而是把要执行的操作以 SQL 语句的形式，作为函数的参数，发送给 MySQL 服务器，由 MySQL 服务器执行这些指令，并将结果返回给 PHP 程序。

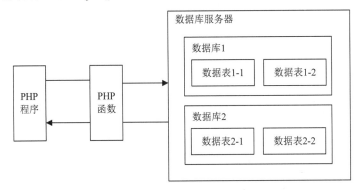

图 8-1 PHP 与 MySQL 数据库通信原理

PHP 的 mysqli 扩展库提供了对 MySQL 数据库操作的函数。在安装 XAMPP 时，mysqli 扩展是自动安装的。启用 mysqli，需要修改 PHP 的配置文件。操作如下：打开 PHP 配置文件 php.ini，找到 ";extension=mysqli"，去掉前面的分号，修改好以后保存，重启 Apache 服务。

PHP 连接数据库的方式主要有 MySQLi 和 PDO（PHP data objects，PHP 数据对象）。MySQLi 连接方式只针对连接 MySQL 数据库，而 PDO 连接方式可用来连接包含 MySQL 在内的多种不同数据库。这里使用 MySQLi 连接方式。

MySQLi 支持面向过程和面向对象两种连接方式。

1. MySQLi 面向过程连接

使用 mysqli_connect()函数创建一个到 MySQL 服务器的连接。该函数的语法格式如下：

```
Resource mysqli_connect(host,username,pwd,[data] ,[port])
```

函数功能：连接成功，返回类型是一个资源变量；如果不成功，则返回 false。

函数参数说明如下。

host：要连接的 MySQL 服务器的名称或者 IP 地址。

username：登录 MySQL 服务器的用户名。

pwd：登录 MySQL 服务器的密码。

data：可选参数，表示要访问的数据库名称。缺省时，使用 mysqli_select_db()函数指定数据库名称。

port：可选参数，表示连接使用的端口号，缺省时默认为 3306。

例 8-1 使用 MySQLi 面向过程连接方式连接 MySQL 服务器。

```php
<?php
$servername = "localhost";    //服务器名称
$username = "root";           //登录服务器的用户名
$password = "";               //登录服务器的密码
$dbname= "sp";                //要连接的数据库名称
// 创建连接
$con = mysqli_connect($servername, $username, $password, $dbname);
// 检测连接
if (!$con) {
  die("连接出错了: " . mysqli_connect_error());  //给出提示信息，终止程序
}
echo "连接成功";
?>
```

2. MySQLi 面向对象连接

站在面向对象的角度看，MySQLi 是一个类，代表 PHP 和 MySQL 数据库之间的一个连接。该类中包含了属性和方法，在引用类使用 new 创建对象时，传递参数实现对象初始化，从而得到一个指向 MySQL 的连接。方法如下：

```
new mysqli(host,username,pwd,[data] ,[port])
```

其中，各个参数的含义与上面相同，连接成功则得到一个对象类型的连接。

例 8-2 使用 MySQLi 面向对象连接方式连接 MySQL 服务器。

```php
<?php
  $servername = "localhost";
  $username = "root";
  $password = "";
  $dbname= "sp";
  $dport=3306;
  // 创建连接
  $con = new mysqli($servername, $username, $password,$dbname,$dport);
  // 检测连接
  if ($con->connect_error) {
  die("连接失败: " . $con->connect_error);  //返回连接错误的原因，终止程序
  }
  echo "连接成功";
?>
```

8.1.2　选择数据库

在使用 mysqli_connect()函数连接数据库时，若没有指定数据库名字，则需要使用 mysqli_select_db ()函数选择要操作的数据库。mysqli_select_db ()函数的语法格式如下：

```
bool mysqli_select_db(resource $connection, string $dbname)
```

功能：更改连接的默认数据库。如果成功，则返回 true；如果失败，则返回 false。函数参数说明如下。

$connection：连接数据库返回的资源变量或者对象变量。

$dbname：要选择的数据库名称。

例如：

```
$con = new mysqli($servername, $username, $password);
mysqli_select_db($con,"sp");
```

使用面向对象方式选择数据库：

```
$con = new mysqli($servername, $username, $password);
mysqli ->select_db($con,"sp");
```

这两种写法是兼容的。

8.1.3 执行 SQL 操作

PHP 操作数据库时，可以对数据库、数据表进行增加、删除、修改、查询等操作。
PHP 中用 mysqli_query ()函数执行 SQL 语句，其语法格式如下：

```
mixed mysqli_query($connection,$query[,int $resultmode]);
```

功能：对$connection 指向的数据库执行$query 操作，$query 可以是 select 语句、insert 语句、update 语句或 delete 语句。执行成功，返回 true；如果失败，则返回 false。如果 $query 是 select 语句，将返回一个查询结果集。

在 PHP 网页开发中，经常使用 mysqli_query()函数设置数据库编码 UTF-8，避免显示从数据库中读取出来的汉字乱码，方法如下：

```
mysqli_query($con,"set names utf8");
```

例 8-3 查询数据库服务器上 sp 数据库中 sp_info 数据表的全部记录。新建名为 chaxun.php 文件，内容如下：

```
<?php
$servername = "localhost";      //服务器名称
$username = "root";             //登录服务器的用户名
$password = "";                 //登录服务器的密码
$dbname= "sp";                  //要连接的数据库名称
// 创建连接，连接 sp 数据库
$con = mysqli_connect($servername, $username, $password, $dbname);
// 检测连接
if (!$con) {
  die("连接出错了: " . mysqli_connect_error());   //给出提示信息，终止程序
}
echo "连接成功</br>";
//设置数据库编码 UTF8，避免汉字乱码
mysqli_query($con,"set names utf8");
//查询 sp_info 数据库
mysqli_query($con,);
$sql="select * from sp_info";
$results=mysqli_query($con,$sql);        //查询结果保存在$results 变量中
var_dump($results);
?>
```

执行该程序后，查询结果被保存在$results 变量中。

使用 mysqli_query ()函数不仅仅可以执行查询操作，也可以执行其他的 SQL 语句，如果把本程序中的$sql="select * from sp_info";修改为 insert 语句、update 语句和 delete

174

语句，就可以对数据库执行添加记录、修改记录和删除记录的操作。

8.1.4　解析结果集

例 8-3 的输出结果，如图 8-2 所示，可以看到$result 是一个对象类型的变量。这样的结果用户看起来不方便，可以使用 PHP 函数解析结果集。

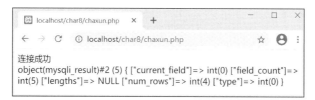

图 8-2　select 语句返回的结果集

1. 取得结果集中的记录行数

可以使用 mysql_num_rows()函数取得结果集中的记录行数。语法格式如下：

```
int mysql_num_rows(resource $data)
```

功能：查看结果集中记录的行数。

说明：参数 data 表示结果集，例如，$results。该结果集从 mysql_query() 的调用中得到。此函数仅对 select 语句有效。

例如，要取得变量$results 中的记录行数，可以使用如下代码：

```
<?php
  $result_num=mysql_num_rows($results);
?>
```

2. 取得结果集中的一行记录数据

可以使用 mysqli_fetch_row()函数、mysqli_fetch_array()函数或者 mysqli_fetch_assoc()函数取得结果集中的一行记录数据。这三个函数的功能说明如表 8-1 所示。

表 8-1　从结果集中读取记录的函数

函数名	功能说明
mysqli_fetch_row()	从结果集中取得一行记录，返回数字索引数组，数组元素的键用数字表示，从零开始
mysqli_fetch_array()	从结果集中取得一行记录，返回关联数组或数字索引数组。数组元素的键可以是数据表的字段名，也可以是数字
mysqli_fetch_assoc()	从结果集中取得一行记录，返回关联数组。数组元素的键名是数据表的字段名

这三个函数的用法相似，以 mysqli_fetch_row()为例，其语法格式如下：

```
array mysqli_fetch_row(resource $data)
```

功能：从结果集 data 中取得一行记录，并将该记录作为数组返回。数组元素的键值从零开始，数组元素的值依次为 select 语句中"字段列表"的值。如果结果集中没有下一行记录，则返回 false。

例 8-4　解析结果集。

```
<?php
$servername = "localhost";     //服务器名称
$username = "root";            //登录服务器的用户名
$password = "";                //登录服务器的密码
```

```
$dbname= "sp";                              //要连接的数据库名称
// 创建连接，连接 sp 数据库
$con = mysqli_connect($servername, $username, $password, $dbname);
// 检测连接
if (!$con) {
  die("连接出错了: " . mysqli_connect_error());   //给出提示信息，终止程序
}
echo "连接成功</br>";
//设置数据库编码 UTF8，避免汉字乱码
mysqli_query($con,"set names utf8");
//查询 sp_info 数据库
$sql="select * from sp_info";
$results=mysqli_query($con,$sql);           //查询结果保存在$results 变量中
 echo "<hr>使用 mysqli_fetch_row()读取结果: <br>";
 $data=mysqli_fetch_row($results);
 print_r($data);
 echo "<hr>使用 mysqli_fetch_assoc()读取结果: <br>";
 $data=mysqli_fetch_assoc($results);
 print_r($data);
 echo "<hr>使用 mysqli_fetch_array()读取结果: <br>";
 $data=mysqli_fetch_array($results);
 print_r($data);
 //释放记录集，关闭连接
 mysqli_free_result($results);
 mysqli_close($con);
 ?>
```

程序中分别使用三种不同的函数读取了同一个结果集中的记录行，如图 8-3 所示。可以看出，返回的都是数组类型，不同的是数组元素的键表示形式不同。这三个函数还有一个共同特点：每调用一次，会自动移动指针指向下一条记录，如果已经到达最后一个记录，则返回 false。可以使用 mysqli_data_seek()函数移动记录集的指针，感兴趣的读者可以自己尝试。

图 8-3 解析结果集

3. 查看 MySQL 操作所影响的记录行数
语法格式如下：

```
int mysqli_affected_rows(resource $connection)
```

功能：取得最近一次 MySQL 操作所影响的记录行数，这个操作可以是 insert 语句、

update 语句、delete 语句和 select 语句。执行成功，则返回受影响的行的数目，如果最近一次操作失败的话，函数返回-1。$connection 表示要使用的 MySQL 连接。例如：

```
mysqli_query($con,"delete from sp_info");
echo "受影响的行数: " . mysqli_affected_rows($con);
```

8.1.5　关闭数据库连接

1. 释放结果集

在使用完结果集后，要使用函数或者成员方法释放结果集占用的内存。释放结果集的语法格式如下：

```
bool mysqli_free_restult(resource $data)
```

功能：将记录集$data 所占用的服务器内存资源释放。

例如：

```
mysqli_free_result($results);
```

2. 关闭数据库连接

在完成数据库访问工作后，应该及时释放 MySQLi 连接。在程序运行结束时，系统也会自动关闭连接，回收资源。若打开多个连接，应该养成及时释放资源的习惯。关闭数据库连接的语法格式如下：

```
bool mysqli_close(resource $connection);
```

功能：关闭 connection 所表示的 MySQL 服务器连接。关闭成功，返回 true，失败则返回 false。

例如：

```
mysqli_close($con);
```

若使用面向对象操作方式关闭 MySQL 服务器连接，则需要调用成员方法 close()，或者直接给对象赋空值 null。例如：

```
$con->close();
```

或者

```
$con=null;
```

8.1.6　使用面向对象方式操作 MySQL

<u>例 8-5</u>　使用面向对象方式读取 sp 数据库中 sp_info 数据表的记录。新建一个名为 oopchaxun.php 文件，内容如下：

```php
<?php
$servername = "localhost";              //服务器名称
$username = "root";                     //登录服务器的用户名
$password = "";                         //登录服务器的密码
$dbname= "sp";                          //要连接的数据库名称
// 创建连接，连接 sp 数据库
$con=new mysqli($servername,$username,$password,$dbname);
// 检测连接
if ($con->connect_error) {
die("连接失败: " . $con->connect_error); //终止程序
}
//设置数据库编码 UTF8，避免汉字乱码
```

```
$con->query("set names utf8");
//查询 sp_info 数据库
$sql="select * from sp_info";
$results=$con->query($sql);                    //查询结果保存在$results 变量中
 echo "<hr>使用 fetch_row()方法读取结果：<br>";
 $data=$results->fetch_row();
 print_r($data);
 echo "<hr>使用 fetch_assoc()方法读取结果：<br>";
 $data=$results->fetch_assoc();
 print_r($data);
 echo "<hr>使用 fetch_array()方法读取结果：<br>";
 $data=$results->fetch_array();
 print_r($data);
 //释放资源
 $results->free_result();
 $con->close();                               //也可以用$con=null;
?>
```

程序运行结果如图 8-4 所示。

图 8-4　使用面向对象方式读取数据

通过以上内容，能够从数据表中读取一行记录。当表中记录较多时，可使用循环结构来完成表中数据的读取。

8.1.7　读取数据表全部记录

例 8-6 读取 sp 数据库中 sp_info 数据表的全部记录。新建一个名为 chaxun3.php 文件，内容如下：

```
<?php
 $servername = "localhost";             //服务器名称
 $username = "root";                    //登录服务器的用户名
 $password = "";                        //登录服务器的密码
 $dbname= "sp";                         //要连接的数据库名称
 // 创建连接，连接 sp 数据库
 $con = mysqli_connect($servername, $username, $password, $dbname);
 // 检测连接
 if (!$con) {
   die("连接出错了: " . mysqli_connect_error());   //给出提示信息，终止程序
 }
 //设置数据库编码 UTF8，避免汉字乱码
```

```
mysqli_query($con,"set names utf8");
//查询 sp_info 数据库
$sql="select * from sp_info";
$results=mysqli_query($con,$sql);      //查询结果保存在$results 变量中
if(mysqli_num_rows($results)>0) {
    // 输出数据
    while($cur_sp=mysqli_fetch_row($results)) {
        echo "商品编号: " .$cur_sp[0]. " </br>";
        echo "商品名称: " .$cur_sp[1]. " </br>";
        echo "商品价格: " .$cur_sp[2]. " </br>";
        echo "商品简介: " .$cur_sp[3]. " </br>";
        echo "商品图片: ".$cur_sp[4]. " </br>";
        echo "<hr>";
    }
} else {     echo "0 结果";  }
//释放记录集，关闭连接
mysqli_free_result($results);
mysqli_close($con);
?>
```

程序运行结果如图 8-5 所示。

图 8-5　显示 sp_info 表的全部数据

从以上内容可以知道，读取数据表记录的实质是执行 select 语句。按照这个思路，如果要实现按照关键字查找记录，只需要修改 SQL 语句为条件查询即可，则程序运行时仅显示满足条件的记录。例如：

```
$sql="select * from sp_info where spid=5";
```

则表示查找商品编号为 5 的商品信息。

任务 8.2　网站会员管理

【任务描述】网站会员管理常见的功能有会员用户注册与登录，用户可以在网站上

登记注册，并成为会员，享有网站提供的相应服务。该任务主要实现用户注册功能与用户登录功能。

用户注册功能实现
（微课）

【任务分析】网站会员数据使用数据库管理，假设已经在 sp 数据库中创建好 users 数据表。实现用户注册功能时，先制作用户注册表单，然后提取表单数据，经检查合格，写入 users 数据表中。实现用户登录功能时，需提取用户填写的用户名和密码，再到 users 数据表进行查找，若找到，说明是合法用户，则登录成功。从本质上来讲，用户注册和登录就是给 users 数据表添加数据和读取数据的过程。

■ 任务相关知识与实施

网站在运行过程中，为了识别用户，通常要求用户进行注册和登录操作。对于初次使用网站的用户，可以通过"用户注册"获得一个用户名作为自己的身份标识，以后就凭借用户名进行身份验证。

首先需要一个用户信息表，用来存放所有注册用户的信息。这里使用 sp 数据库中的 users 数据表，该表有两个字段：字段 username 代表用户名、字段 userpwd 代表用户的密码。其中，字段 username 是主键，如图 8-6 所示。

图 8-6 users 表结构

8.2.1 用户注册功能实现

用户注册功能设计思想：

1）首先设计制作一个用户注册表单。

2）编写 PHP 程序，获取用户注册表单中用户名文本框和密码框的内容，对于用户填写的用户名，先到数据库中查找用户名是否存在，如果不存在，表示该用户名可用，则把注册数据写入数据库中，注册成功。反之，如果用户已经存在，表示该用户名被占用，则给出注册失败的提示信息。

1. 制作用户注册页

新建一个名为 regform.html 文件，源程序如下：

```
<!doctype html>
<html>
<head>
<meta charset="utf-8">
<title>用户注册</title>
</head>
<body>
<form id="form1" name="form1" method="post" action="register.php">
```

```
用户注册页
 <p>用户名: <input type="text" name="uname" required/> </p>
 <p>密码: <input type="password" name="upass" required/> </p>
 <p>   <input type="submit" name="queding" id="button" value="注册" />
   <input type="reset" name="quxiao" id="button2" value="重置" /></p>
 </form>
 </body>
 </html>
```

表单提交后，由 register.php 实现注册功能。

2. 制作 register.php

由于用户管理模块实现时需要连接数据库服务器，网站多个程序都要使用这个功能，因此，需要单独建立一个文件 conn.php，用于实现数据库连接。其他程序在连接数据库时，只需要引用这个文件即可。

1）新建 conn.php 文件，源程序如下：

```php
<?php
    $servername ="localhost";
    $username ="root";
    $password ="";
    $dbname="sp";
    // 创建连接
    $con= mysqli_connect($servername,$username,$password,$dbname);
    // 检测连接
    if(!$con) {  die("连接出错了! ". mysqli_connect_error()); }
    mysqli_query($con,'set names utf8');
?>
```

2）新建表单处理程序 register.php，源程序如下：

```php
<?php
 include "conn.php";                //引用conn.php文件，实现数据库连接
 $username=trim($_POST["uname"]);
 $userpass=trim($_POST["upass"]);
 //查询用户名是否被使用
 $sql="SELECT username FROM users where username='$username'";
 $result=mysqli_query($con,$sql);
 if(mysqli_num_rows($result)>0) {  // 用户名被占用
  echo "用户名已经被使用，请重新填写! ";
  } else {                          // 写入用户数据到users 表
  $sql="insert  into  users(username,userpwd)  values('$username',
'$userpass')";
  if(mysqli_query($con,$sql)) {
   echo "注册成功";
  }else{  echo "注册失败 ";    }
 }
 mysqli_close($con);
 ?>
```

程序运行时，先执行表单，如图 8-7 所示。填入注册信息后，出现如图 8-8 所示用户注册成功页面。查看 users 数据表，其中增加了新的记录。如果用户填写的用户名已存在，则会出现如图 8-9 所示结果。

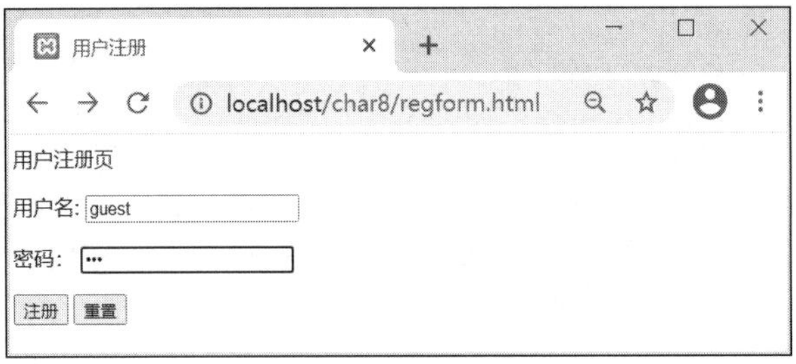

图 8-7　用户注册

图 8-8　用户注册成功

图 8-9　用户名已经被使用，注册失败页

8.2.2　用户登录功能实现

之前在介绍 session 的时候，曾经做过一个用户登录表单，其中的合法用户账号是在程序中指定的。本节对这个程序进行优化，网站会员用户数据存放在 users 表中，表的记录随着网站运行注册用户的增加，数据会发生变化。

核心思想：登录表单中填写用户名、密码和验证码。PHP 程序主要完成以下内容。

1）取用户填写的验证码，进行验证。

2）取得用户在登录表单中填写的用户名和密码。

3）连接数据库服务器。

4）在用户信息表 users 中按用户名和密码查找，保存查询结果。

5）判断查询结果：若找到，说明是合法用户，则登录成功；反之则登录失败。

登录功能实现过程如下。

1. 制作用户登录页

新建一个名为 login.html 文件，源程序如下：

```
<!doctype html>
<html>
<head>
<meta charset="utf-8">
<title>用户登录</title>
</head>
<body>
<form action="testok.php" method="post">
    用户登录<p>
```

```
用户名: <input name="uname" type="text" required/><p>
密码: <input name="upass" type="password" required/><p>
验证码: <input type="text" name="str">
<img src="yanzhengma.php" onClick="this.src='yanzhengma.php?date=
'+new Date()" title="看不清? 点击更换">
<p><input name="queding" type="submit" value="登录" />
   <input name="quxiao" type="reset" value="取消"/>
</form>
</body>
</html>
```

表单提交后，由 testok.php 进行下一步处理。

2. 制作登录表单处理程序 testok.php

登录表单处理程序 testok.php 源程序如下：

```
<!doctype html>
<html>
<head>
<meta charset="utf-8">
<title>无标题文档</title>
</head>
<body>
<?php
if(isset($_POST["queding"])){       //判断表单提交
  //1.检验验证码
  session_start();
  $str=trim($_POST["str"]);         //取用户输入的验证码
  $code=$_SESSION["re_code"];       //取正确的验证码
  if($str==$code)
  { echo "验证码匹配成功!";
    unset($_SESSION["re_code"]);
//2.取得用户填写的用户名和密码
    $uname=$_POST["uname"];
    $upass=$_POST["upass"];
    $upass=addslashes($upass);      //防止 sql 注入
//3.连接数据库，到 users 查找，取得查找结果
    include "conn.php";
  $sql="select * from users where username='$uname' and userpwd=
'$upass'";
    $result=mysqli_query($con,$sql);
  //4.判断查询结果
    if(mysqli_num_rows($result)>0)    //找到了
    { echo "登录成功! ";
      $_SESSION["user"]=$uname;         //记录用户账号
      $_SESSION["userpass"]=$upass;
      // header("Location: index.php");
      }else{echo "登录失败! <a href='login.php'>重新登录</a>"; }
  } else{ echo "验证码匹配失败!";  }
} else { //若表单没提交，重定向到管理员登录页
 header("Location:login.php");}
?>
```

```
    </body>
    </html>
```

程序运行时如图 8-10 所示，填入登录信息后，出现如图 8-11 所示登录成功页面。

图 8-10　用户登录页　　　　　　　　　　图 8-11　登录成功页面

在实际工程中，当用户登录成功时，会转向某个特定网页，此外程序使用
"header("Location:index.php");" 重定向到网站首页 index.php。

任务 8.3　网站商品信息管理

【任务描述】编程使用 PHP 对商品信息数据表进行维护，包括浏览全部商品信息、
添加新的商品信息、修改商品信息和删除商品信息四种操作。

【任务分析】商品数据使用数据库管理，假设已经在 sp 数据库中创建好 sp_info 数
据表。实现商品信息管理维护功能时，需要分别制作以下四个功能的网页。

1）数据浏览，发送 select 语句操作 sp_info 数据表。

2）数据添加，发送 insert 语句操作 sp_info 数据表。

3）数据修改，发送 update 语句操作 sp_info 数据表。

4）数据删除，发送 delete 语句操作 sp_info 数据表。

■ 任务相关知识与实施 ■

在电子商务网站中，由网站管理员对商品信息进行维护。商品信息保存在数据表
sp_info 中，其结构如图 8-12 所示。

图 8-12　sp_info 数据表结构

8.3.1　数据分页浏览功能实现

当从数据表中查询出来的数据量很大时，为方便用户浏览，一般采

数据浏览功能实现
（微课）

用数据分页浏览技术。其实现原理：在使用 select 语句查找记录时，使用限量查询 limit 子句实现分页功能。limit 子句的语法格式如下：

```
limit m,n
```

其中，参数 m 表示查找的起始记录下标，数据表中第一条记录的下标值是 0；参数 n 表示查找的记录个数。例如，"limit 2,4"，表示返回从数据表中第 3 条记录开始读取 4 条记录。

1. 分页浏览程序的实现过程

分布浏览程序的实现过程如下：

1）设置每页要显示的记录数$page_size。

2）设置用户访问的当前页的页码$page_current。若是第一次访问，则设置$page_current=1，其他情况则是通过带参数的超链接提供的 URL 参数获取值。

3）计算当前页$page_current 上要显示的第一条记录的记录下标值$start。

```
$start=($page_current-1)*$page_size;
```

4）连接数据库，获取数据表的记录总数$result_num。

5）使用限量查询 limit 子句读取当前页中的记录数据并输出。

6）制作"分页导航"。

可依据总记录数$result_num，计算得到总页数$pages。

```
$pages=ceil($result_num/$page_size);
```

ceil()函数用于返回不小于函数参数的最小整数，计算结果如果有小数部分，则向高位进一位。例如，ceil(5.2)的结果是 6。

2. 分页浏览功能的实现

新建名为 adminindex.php 的文件，源程序如下：

```php
<?php
//分页浏览，程序名：adminindex.php
 $page_size=2;   //设置每页显示的记录数为3
  //取得用户访问的页码
  if(isset($_GET["page_current"])){
     $page_current=$_GET["page_current"];
   }else{
    $page_current=1;
       };
     //计算当前页上要显示的第一条记录
  $start=($page_current-1)*$page_size;
    //连接数据库
   include "conn.php";
    //取总记录数
  $sql1="select * from sp_info";
  $results=mysqli_query($con,$sql1);
  $results_num=mysqli_num_rows($results);
    //取当前页中的记录数据并输出
  $sql="select * from sp_info order by spid desc limit $start,$page_size";
  $results=mysqli_query($con,$sql);
  if($results_num>0){
   echo "<h3>商品信息表中内容</h3>";
  echo "<table border='1' width='960'>";
```

```
echo "<tr>";
echo "<td>商品编号</td>";
echo "<td>商品名称</td>";
echo "<td>商品价格</td>";
echo "<td>商品简介</td>";
echo "<td>商品图片描述</td>";
echo "</tr>";
 while($cur_sp=mysqli_fetch_row($results))
{
  echo "<tr>";
echo "<td>$cur_sp[0]</td>";
echo "<td>$cur_sp[1]</td>";
echo "<td>$cur_sp[2]</td>";
echo "<td>$cur_sp[3]</td>";
echo "<td>$cur_sp[4]</td>";
echo "</tr>";
  }
 echo "</table>";
 }
 else{
 echo "查询结果为空！";
 }
$pages=ceil($results_num/$page_size);        //计算总页数
 //设置分页导航条
$page_previous=($page_current<=1)?1:$page_current-1;
echo "<p><a href='adminindex.php?page_current=$page_previous'>上一
页</a> ";
    for($i=1;$i<=$pages;$i++){ //输出页号
      echo "<a href='adminindex.php?page_current=$i'>$i</a> ";
    }
$page_end=($page_current>=$pages)?$pages:$page_current+1;
echo "<a href='adminindex.php?page_current=$page_end'>下一页</a> ";
echo "<p>共有 $results_num 条记录，共 $pages 页，";
echo "当前是第 $page_current 页 <p> ";
//关闭连接
mysqli_free_result($results);
mysqli_close($con);
?>
```

在该程序中，数据库的连接调用了之前创建的 conn.php 文件。程序的运行结果如图 8-13 所示，用户通过页面下方的导航条可进行分页浏览。

图 8-13　分页浏览页

8.3.2 数据添加功能实现

数据添加功能设计的核心思想是使用 insert 语句向 sp_info 数据表中添加新的商品记录，具体步骤如下：

1）制作添加新记录的表单。

2）获取表单数据，连接数据库服务器。

3）向 sp_info 数据表中用 insert 语句添加记录。

数据添加功能实现过程如下。

1. 制作添加商品信息的表单页

新建名为 insertform.php 文件，源程序如下：

```html
<!doctype html>
<html>
<head>
<meta charset="utf-8">
<title>无标题文档</title>
</head>
<body>
<form action="insert.php" method="post" enctype="multipart/form- data">
  商品添加页 <p>
  商品名称：<input name="pname" type="text" required/><p>
  商品价格：<input name="pprice" type="number" min="0" required/><p>
  商品介绍：<textarea rows="3" cols="20" name="pjianjie"></textarea><p>
  <input type="hidden" name="MAX_FILE_SIZE" value="40960">
  商品图片：(.jpg 类型,不超过 40KB)
   <input type="file" name="photo" size="25" maxlength="100" /> <p>
  <input name="tijiao" type="submit" value="添加"/>
</form>
</body>
</html>
```

在程序中，"商品介绍"使用文本区域 textarea 控件，"商品图片"使用文件区域 file 控件。表单提交后，由 insert.php 处理表单数据。

2. 商品添加实现

新建 insert.php 文件，程序思想：取得上传的商品图片，检查符合要求后，移动图片到 images 文件夹中，把商品的名字、价格、简介、图片文件名写入数据表 sp_info 中。源程序如下：

```php
<?php
if(isset($_POST["tijiao"])){
 if($_FILES["photo"]["error"]==0){
 if($_FILES['photo']['type']==="image/jpg" or
$_FILES['photo']['type']==="image/jpeg")
   { //定义图片存放目录
   $imgdir="./images";
   if(!is_dir($imgdir)){mkdir($imgdir);}
   //移动图片
   $filename=$_FILES['photo']['name'];
move_uploaded_file($_FILES['photo']['tmp_name'],"{$imgdir}/".$filename);
```

```
//向 sp_info 表中写入数据
    $pname=$_POST["pname"];
    $pprice=$_POST["pprice"];
    $pjianjie=$_POST["pjianjie"];
    $ptp=$filename;
    include "conn.php";
    $sql="insert into sp_info(spname,spprice,spjianjie,sptp) values
('$pname',$pprice,'$pjianjie','$ptp')";
    if(mysqli_query($con,$sql)){ echo "商品添加成功! ";}
    else{ echo "商品添加出错! 请重新填写! ";}
    }else{echo "图片格式不对, 要求是.jpg 类型, 请重新填写! "; }
}else{ echo "图片上传出错, 请重新填写! "; }
}
?>
```

运行商品添加表单，如图 8-14 所示，输入商品信息后，提交表单，出现如图 8-15 所示结果。上传的图片存放在当前目录下 images 文件夹中，在数据库 sp_info 表中可以查看新添加的商品数据。

说明：商品编号是由数据表中 spid 字段自动增值的，无须用户输入。

图 8-14　添加商品表单页

图 8-15　添加结果页

8.3.3　数据修改功能实现

管理员用户可以通过 Web 对商品数据表进行数据修改。对表中的记录进行修改或者删除时，可以参照图 8-16 设计的方法，在每条记录的后面添加"修改""删除"超链接，要操作哪条记录，就直接单击该记录后的超链接完成。

数据修改功能
实现一（微课）

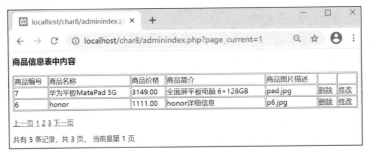

图 8-16　有修改和删除功能的数据浏览页

数据修改功能
实现二（微课）

　　要实现这个效果，需要修改 adminindex.php 数据浏览页，在输出表格的时候，增加两列，分别用于存放"删除""修改"超链接。超链接跳转的目标文件是实施删除或者修改操作的 PHP 程序。在定义超链接时，传递 URL 参数，该参数值是要修改或者删除记录的记录编号 spid。

1. 修改 adminindex.php 文件

　　按照上面的思想，修改后的文件内容如下，其中加粗部分是新添加的，其他保持不变。

```php
<?php
//分页浏览，程序名：adminindex.php
 $page_size=2;    //设置每页显示的记录数为3
  //取得用户访问的页码
 if(isset($_GET["page_current"])){
     $page_current=$_GET["page_current"];
 }else{
  $page_current=1;
     };
  //计算当前页上要显示的第一条记录
$start=($page_current-1)*$page_size;
  //连接数据库
 include "conn.php";
  //取总记录数
$sql1="select * from sp_info";
$results=mysqli_query($con,$sql1);
$results_num=mysqli_num_rows($results);
  //取当前页中的记录数据并输出
$sql="select * from sp_info order by spid desc limit $start,$page_size";
$results=mysqli_query($con,$sql);
 if($results_num>0){
  echo "<h3>商品信息表中内容</h3>";
 echo "<table border='1' width='800'>";
echo "<tr>";
echo "<td>商品编号</td>";
echo "<td>商品名称</td>";
echo "<td>商品价格</td>";
echo "<td>商品简介</td>";
echo "<td>商品图片描述</td>";
echo "<td> </td>";
echo "<td> </td>";
echo "</tr>";
 while($cur_sp=mysqli_fetch_row($results))
{    echo "<tr>";
echo "<td>$cur_sp[0]</td>";
echo "<td>$cur_sp[1]</td>";
echo "<td>$cur_sp[2]</td>";
echo "<td>$cur_sp[3]</td>";
echo "<td>$cur_sp[4]</td>";
echo "<td><a href='delete.php?id=$cur_sp[0]'>删除</a></td>";
echo "<td><a href='update.php?id=$cur_sp[0]'>修改</a></td>";
echo "</tr>";
```

```
        }
    echo "</table>";
    }
    else{    echo "查询结果为空！";  }
    $pages=ceil($results_num/$page_size);        //计算总页数
     //设置分页导航条
    $page_previous=($page_current<=1)?1:$page_current-1;
    echo "<p><a href='adminindex.php?page_current=$page_previous'>上一
页</a> ";
        for($i=1;$i<=$pages;$i++){  //输出页号
        echo "<a href='adminindex.php?page_current=$i'>$i</a> ";
    }
    $page_end=($page_current>=$pages)?$pages:$page_current+1;
    echo  "<a  href='adminindex.php?page_current=$page_end'> 下 一 页
</a> ";
    echo "<p>共有 $results_num 条记录，共 $pages 页，";
    echo "当前是第 $page_current 页 <p> ";
    //关闭连接
    mysqli_free_result($results);
    mysqli_close($con);
    ?>
```

程序中定义了"修改"超链接跳转到 update.php 文件，由该文件实施修改操作。

2. 制作 update.php 文件

该程序的设计思想：获取用户单击"修改"超链接传过来的 URL 参数，连接数据库服务器，在 sp_info 数据表中查找到该 URL 参数对应的记录。由于传递过来的 URL 参数是商品编号，因此在表中有且仅有一条记录，找到后把该记录显示在表单中。然后，用户在表单中进行数据修改，提交修改后的表单。源程序如下：

```
<!doctype html>
<html>
<head>
<meta charset="utf-8">
<title>信息修改</title>
</head>
<body>
<?php
if(!isset($_GET["id"])){exit("操作错误！"); }
//取得要修改的商品的编号
 $myid=$_GET["id"];
 include "conn.php";
 $sql="select * from sp_info where spid=$myid";
 $result=mysqli_query($con,$sql);
 $cur_sp=mysqli_fetch_row($result);
 ?>
    <form action="updatetable.php" method="post">
    商品修改页 <p>
    商品编号：<input name="pid" type="text" value="<?php echo $myid ?>"
readonly/><p>
    商品名称：<input name="pname" type="text" size="80" value="<?php echo
$cur_sp[1] ?>" /><p>
```

```
        商品价格: <input name="pprice" type="number" min="0" value="<?php echo
$cur_sp[2] ?>" /><p>
        商品介绍: <textarea rows="3" cols="20" name="pjianjie" ><?php echo
$cur_sp[3] ?></textarea><p>
        商品图片: <input name="ptp" type="text" size="80"  value="<?php echo
$cur_sp[4] ?>" readonly/><p>
        <input name="xiugai" type="submit" value="提交"/>
    </form>
    </body>
    </html>
```

在图 8-16 中单击商品编号为 "6" 的记录后面的 "修改" 超链接，就会运行该程序，
如图 8-17 所示，页面中显示的是该记录的具体数据，观察浏览器地址栏，看到传递过
来的 URL 参数。在这里用户可以修改商品数据。其中，商品编号是主键，不允许修改；
商品图片的信息也不允许修改。

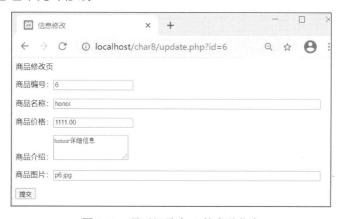

图 8-17　显示记录为 6 的商品信息

用户修改商品数据后，提交表单，由 updatetable.php 程序执行修改数据表的任务。

3. 制作 updatetable.php 文件

该程序的设计思想：获取表单中用户修改后的数据，连接数据库，向 sp_info 数据
表中发送 update，修改指定记录。源程序如下：

```
    <?php
    if(!isset($_POST["xiugai"])){exit("操作错误! "); }
    //取得表单上修改过的数据
    $pid=$_POST["pid"];
    $pname=$_POST["pname"];
    $pprice=$_POST["pprice"];
    $pjianjie=$_POST["pjianjie"];
    //去更新 sp_info 表中的数据
    include "conn.php";
    $sql="update sp_info
    set   spname='$pname',spprice=$pprice,spjianjie='$pjianjie'   where
spid=$pid";
    mysqli_query($con,$sql);
    echo "数据更新成功，返回<a href='adminindex.php'>管理页面</a>";
    ?>
```

在图 8-17 中修改数据，修改成如图 8-18 所示的新数据，然后单击"提交"按钮，就会更新 sp_info 数据表中的记录，并给出如图 8-19 所示的提示。

图 8-18　修改记录为 6 的商品信息　　　　　图 8-19　提交修改后的页面

在数据浏览页查看修改后的结果，如图 8-20 所示。商品编号为 6 的数据已经更新。

图 8-20　修改后的数据表

这样就完成了数据修改。整个过程有两个关键点：一是用超链接传递参数，在表单显示原来的数据；二是修改数据后提交表单，更新后台数据表中的记录。

8.3.4　数据删除功能实现

商品数据删除功能与修改功能相似，都是通过超链接传递参数。实现删除功能更简单一些，它是直接连接数据库，删除数据表中指定记录。

数据删除功能
实现（微课）

删除功能实施的具体步骤如下：

1）定义每条记录后的"删除"超链接，传递 URL 参数，该参数说明了要删除记录的 spid。

2）获取 URL 参数，连接数据库服务器。

3）向 sp_info 数据表中发送 delete，删除指定记录。

整个过程的第一步已经在数据修改功能中完成了，"删除"超链接跳转的目标文件是 update.php，这里直接制作该文件，其内容如下：

```php
<?php
if(!isset($_GET["id"])){exit("操作错误！"); }
  //取得要删除的商品的编号
$myid=$_GET["id"];
include "conn.php";
$sql="delete from sp_info where spid=$myid";
```

```
mysqli_query($con,$sql);
echo "删除成功, 返回<a href='adminindex.php'>管理页面</a>";
?>
```

要查看该程序的效果，在图 8-20 中删除商品编号为 7 的记录，单击"删除"超链接后，出现如图 8-21 所示的效果。

图 8-21　提交修改后的数据（一）

在数据浏览页查看删除后的结果，如图 8-22 所示，商品编号为 7 的数据已经不存在了。这种删除是不可以恢复的，操作要谨慎。

图 8-22　提交修改后的数据（二）

试一试：删除表中记录后，被删除记录的图片文件还保存在 images 文件夹中，时间久了会占用空间。可以对删除程序进行优化，在删除表中记录的同时，删除 images 文件夹中的图片文件。PHP 中删除文件使用 unlink() 函数。例如：

```
$file="./images/ pad.jpg ";
if(file_exists($file)){ unlink($file); }
```

至此，就完成了网站后台商品信息管理。

项目总结

使用 PHP 进行网站开发时，PHP 读取 MySQL 数据库的方式有三种：MySQL 方式、MySQLi 方式和 PDO 方式。本项目主要对如何使用 MySQLi 方式进行了详细介绍，以面向过程操作方式为主，兼顾面向对象操作方式，整个读写过程主要包括连接数据库服务器、选择数据库、发送 SQL 语句操作数据库、取得操作结果、关闭数据库连接等，主要使用 MySQLi 扩展库中的函数进行操作。

在了解以上内容的基础上，本项目以电子商务网站的用户管理和商品信息管理为例，通过对数据库进行读操作和写操作，实现了用户注册与登录，商品信息查询、添加、删除及修改等操作。在整个操作过程中，由于代码比较复杂，因此在学习时要勤于动手编程，遇到问题认真分析、积极思考，寻求解决问题的方法。

项目测试

知识测试

一、选择题

1．连接 MySQL 服务器时使用的默认管理员用户名是（　　　）。

    A. admin　　　　　B. administrator　　　　　C. root　　　　　　　D. 以上都不对

2．下面（　　）是 PHP 连接 MySQL 服务器的连接函数。

    A. mysqli_connect　　　　　　　　　　B. mysqli_query

    C. mysqli_close　　　　　　　　　　　　D. mysqli_connect_error

3．PHP 连接数据库服务器时，若没有指定端口，则默认使用的端口号是（　　　）。

    A. 80　　　　　B. 443　　　　　C. 3306　　　　　D. 8080

4．下面（　　）用于选择数据库。

    A. mysqli_select_db　　　　　　　　　　B. mysqli_query

    C. mysqli_close　　　　　　　　　　　　D. mysqli_connect_error

5．使用 mysqli_query () 函数发送（　　）命令可以查询数据表的记录。

    A. insert　　　　　B. update　　　　　C. select　　　　　D. delete

6．获取到查询结果集后，使用（　　）函数可以读取结果集中的行数。

    A. mysqli_query　　　　　　　　　　　　B. mysqli_num_rows

    C. mysqli_fetch_row　　　　　　　　　　D. mysqli_connect

7．获取到查询结果集后，下面（　　）函数可以配合循环结构读取结果集中的全部记录。

    A. mysqli_query　　　　　　　　　　　　B. mysqli_num_rows

    C. mysqli_fetch_row　　　　　　　　　　D. mysqli_connect

8．下面（　　）函数从结果集中取得一行记录，返回的只是数字索引数组。

    A. mysqli_query　　　　　　　　　　　　B. mysqli_fetch_array

    C. mysqli_fetch_row　　　　　　　　　　D. mysqli_fetch_assoc

9．下面（　　）函数从结果集中取得一行记录，返回的只是关联数组。

    A. mysqli_query　　　　　　　　　　　　B. mysqli_fetch_array

    C. mysqli_fetch_row　　　　　　　　　　D. mysqli_fetch_assoc

10．下面（　　）函数可以获取用 mysqli_query 执行 SQL 操作所影响的记录行数。

    A. mysqli_affected_rows　　　　　　　　B. mysqli_fetch_array

    C. mysqli_fetch_row　　　　　　　　　　D. mysqli_fetch_assoc

11．语句：mysqli_free_result($results); 的作用是（　　　）。

    A. 断开 PHP 与 MySQL 数据库的连接

    B. 重新启动 PHP 与 MySQL 数据库的连接

    C. 释放$results 以节省服务器资源

    D. 占用服务器运行进程

12．语句：mysqli_query($con,"set names utf8");用来设置数据库编码，以避免汉字乱码。这行代码一般写在（　　）最合适。

A．从数据表中返回记录之前　　B．从数据表中返回记录中间

C．从数据表中返回记录之后　　D．对语句位置没有要求，放哪里都可以

13．下面（　　）函数用来关闭数据库连接。

A．mysqli_select_db　　B．mysqli_query

C．mysqli_connect　　D．mysqli_close

14．分页查询时，可使用限量查询子句 limit m,n 读取当前页中的记录数据，其中的 n 代表（　　）。

A．记录总数　　B．记录的偏移量

C．记录个数　　D．最后一条记录

15．使用 mysqli_query ()函数发送（　　）命令可以删除表的记录。

A. insert　　B. update　　C. select　　D. delete

二、简答题

1．简述 PHP 连接 MySQL 数据库服务器的原理。

2．说明使用 MySQLi 访问数据库的过程。

技能测试

请分组完成一个简单新闻发布系统。任务说明及要求如下。

1．在 MySQL 服务器上创建一个数据库 news，其字符集为 utf8_general_ci。在数据库中创建数据表 newsdata，用来存储新闻信息，其结构如图 8-23 所示，表中字段分别表示编号、发布时间、新闻标题、发布人和新闻内容。

#	名字	类型	排序规则	属性	空	默认	注释	额外
1	news_id	int(11)			否	无		AUTO_INCREMENT
2	news_date	datetime			否	无		
3	news_title	varchar(100)	utf8_general_ci		否	无		
4	news_editor	varchar(100)	utf8_general_ci		否	无		
5	news_content	text	utf8_general_ci		否	无		

图 8-23　数据表 newsdata 的结构

2．编写 PHP 程序，通过网页对数据表 newsdata 写入数据和读取数据。具体要求如下：

1）编写网页 conn.php，用来连接到 news 数据库。

2）编写网页 insert.php，给 newsdata 表中插入记录，效果如图 8-24 所示。

提示：新闻发布时间可以获取系统时间：$newsdate=date('Y-m-d H:i:s');

```
    $sql="insert  into  newsdata(news_date,news_title,news_editor,news_
content) values ('$newsdate','$newstitle','$newsauthor','$newscontent')";
```

3）编写网页 chaxun.php，读取 newsdata 表的全部记录并显示在页面上，效果如图 8-25 所示。

图 8-24 新闻添加页面

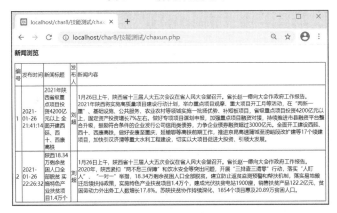

图 8-25 浏览新闻页面

4）在此任务的基础上扩展思维，实现对新闻数据的修改和删除功能，并美化查询页面的输出格式。

学习效果评价

序号	评价内容	个人自评	同学互评	教师评价
1	熟悉 PHP 访问 MySQL 数据库的过程			
2	能够创建数据库或者导入数据库			
3	能够用 PHP 连接数据库			
4	能够用 PHP 从 MySQL 数据库中读取数据			
5	能够用 PHP 向 MySQL 数据库中写入数据			
6	能够用 PHP 和 MySQL 制作动态网页			
7	严谨治学：根据所学理论，学以致用，完成基本功能			
8	团队合作：与组员交流互动，解决问题			
9	创新精神：自主学习，实验中有创新内容			
评价标准				
A：能够独立完成，熟练掌握，灵活应用，有创新				
B：能够独立完成				
C：不能独立完成，但能在帮助下完成				
项目综合评价：>7 个 A，认定优秀；5～7 个 A，认定良好；<5 个 A，认定及格				

Web 应用安全

知识目标 ☞	• 认识网站运行过程中存在的安全问题。
	• 掌握使用 PHP 过滤用户输入的方法。
	• 学习防御 SQL 注入式漏洞进行加固的方法。
	• 学习数据库安全防范方法。
技能目标 ☞	• 能够在数据库中用密文保存用户密码等敏感字段。
	• 能够通过编码防范 SQL 注入。
思政目标 ☞	• 形成一定的网络安全和网站运行安全意识。
	• 培养安全编码的思维，能从编程角度对网站进行安全防御。

网站在运行过程中，由于所处的物理环境和开发 Web 时的编程问题，存在安全隐患。比如网站所在网络的防火墙、网络结构、Windows/Linux 系统本身的安全漏洞以及运行于其上的 Apache 服务等引起的安全问题等，这类问题可以通过打补丁、下载更新程序，配合一定的防火墙安全策略解决。而开发网站时，由于程序员编程产生的代码安全问题，在很大程度上取决于开发者的编程能力和安全意识，需要进行 Web 测试，寻找问题，手动解决。本项目主要从代码安全性和数据库安全性两方面介绍 Web 应用的常见安全问题及防范措施。

任务 9.1　代码的安全性

【任务描述】认识由于编程产生的安全漏洞，认识 SQL 注入的原理并能编程防范。

【任务分析】Web 运行时，需要获取外部数据，这些数据可能来自于表单，也可能来自于数据库。出于安全考虑，在使用这些数据之前，先进行必要的检查，符合检查要求后，再做下一步处理。该任务对注入攻击从编程角度进行防范，用 PHP 函数过滤用户数据。

■ 任务相关知识与实施

网站中一些常见的漏洞是由于开发者的大意造成的。例如，对用户输入不做验证等。

先看一个例子，下面程序用$_GET 获取表单中 uname 文本框的值并输出。

```php
<?php
$username=$_GET["uname"];
echo "欢迎 <b>";
echo $username;
echo "</b> ，光临我的网站";
?>
```

按照预定的正常用法，当用户在表单中输入了用户名并提交后，程序会输出预期结果。但是，在网页实际运行中，如果输入了"<script> alert("hi")</script>"作为用户名，则会得到浏览器弹出的提示框。

更麻烦的是，如果输入了"<script> while(1) alert("hi")</script>"，则会不断弹窗，导致网页无法执行预定程序。这种攻击手法正是利用网页开发时留下的漏洞，通过注入恶意指令代码到网页，使用户加载并执行攻击者恶意制造的网页程序，从而造成 Web 服务不能正常运行。究其原因，就是由于程序信任了用户的输入，没有对输入进行过滤造成的。

9.1.1 过滤用户的输入

过滤是 Web 应用安全的基础，也是验证数据合法性的过程。通过对用户输入的数据进行验证和过滤，可以避免恶意数据在程序中被误信及误用。

1. 过滤数据的过程

数据的过滤一般可以分为：识别输入、过滤输入、区分已过滤与被污染数据三个步骤。

（1）识别输入

这里所说的输入是指所有源自外部的数据。例如，所有来自客户端的数据，但是客户端并不是唯一的外部数据源，例如数据库也是外部数据源。

由用户输入的数据比较容易识别，PHP 使用两个超级全局变量数组$_GET 和 $_POST 来存放用户输入的数据。但是有些输入难于识别，例如，$_SERVER 数组中的很多元素是由客户端所操纵的，很难确认$_SERVER 数组中的哪些元素组成了输入，因此最好的方法是把整个数组看成输入。

（2）过滤输入

过滤的目的是防止非法数据进入系统。最好的方法是把过滤看成是一个检查的过程。可以使用 PHP 的相关函数完成对数据的检查。

（3）区分已过滤与被污染数据

可以用下面方法来区分已过滤与被污染数据：首先初始化变量$clean 为一个空数组，然后进行检查，把经过检查的合格数据写入$clean，这样就保证了$clean 中只包括已经过滤的数据。

例 9-1 过滤表单数据。程序 color.php 提供三种颜色允许用户选择，其代码如下：

```html
<form action="" method="get">
```

请选择一种颜色：

```html
<select name="color">
  <option value="red">red</option>
  <option value="green">green</option>
```

```
    <option value="blue">blue</option>
</select>
<input type="submit" name="tijiao" value="提交"/>
</form>
<?php
if(isset($_GET["color"])){
 $clean=array();
 switch($_GET["color"])
 {
  case "red":
  case "green":
  case "blue": $clean["color"]=$_GET["color"]; break;
 }
 var_dump($clean);
 }
?>
```

处理这个表单的 PHP 编程逻辑中，没有直接采纳用户的输入，而是先使用 switch 语句过滤数据，然后再显示过滤后的结果。这样就防止了预期之外的数据被采纳。若输入这三种颜色之外的数据，则输出为空。

2. 使用 ctype_alnum()函数过滤数据

PHP 提供了用于字符串检验的 ctype 扩展，其中的函数根据当前语言环境检查字符或字符串是否属于某个字符类。

ctype_alnum()函数语法格式如下：

```
bool ctype_alnum(string $text)
```

函数功能：如果$text 中的每个字符都是字母或数字，则返回 true；否则，返回 false。

例 9-2　使用 ctype_alnum 进行数据验证。程序 ctype.php 判断一个字符串是否是合法用户名，规定用户名只能由字母及数字组成。程序如下：

```
<?php
 $username=$_GET["uname"];
 $clean=array();
 //判断是否是字母和数字或字母数字的组合
 if(ctype_alnum($_GET["uname"]))
 {
   $clean["username"]=$_GET["uname"];
   $username=$clean["username"];
   echo "欢迎 <b>";
   echo $username;
   echo "</b>，光临我的网站";
 }
?>
```

运行此程序，给 uname 输入"<script> alert("hi")</script>"值后，由于数据不符合 ctype_alnum()函数要求，不执行条件语句块，因此页面不再弹出提示框。

3. 使用 PHP filter 获取数据并过滤

PHP filter，即 PHP 过滤器，用于对数据进行验证和过滤，是 PHP 核心的组成部分。它提供了多个函数，其中，filter_input()函数用于过滤脚本外部输入的内容。使用这些函数可以简化表单验证的编码，提高程序的安全性。

filter_input()函数语法格式如下：

```
mixed filter_input(input_type, variable, filter, options)
```

函数功能：获取 input_type 中指定的外部变量 variable，按照 filter 过滤器要求检验变量 variable。如果过滤成功的话，返回所请求的变量；如果过滤失败，则返回 false；如果 variable 不存在的话，则返回 null。

参数说明：input_type 指明了数据来源，其值是 INPUT_GET, INPUT_POST, INPUT_COOKIE, INPUT_SERVER 或 INPUT_ENV 之一。

variable：待过滤的变量。

filter：规定要使用的过滤器的 ID，默认是 FILTER_SANITIZE_STRING。例如：FILTER_VALIDATE_INT，表示把变量值作为整数来验证。FILTER_VALIDATE_EMAIL，表示把变量值作为 email 地址来验证。

例 9-3 PHP filter 过滤应用。程序 filter.php 用来获取表示 post 数据，并检验用户填写的 qq 和 email 格式是否符合要求。源程序如下：

```php
<?php
if(isset($_POST["tijiao"])){
//验证用户输入的 QQ 号码
$qq=filter_input(INPUT_POST,'qq',FILTER_VALIDATE_INT);
//验证用户输入的 email
$email=filter_input(INPUT_POST,'email',FILTER_VALIDATE_EMAIL);
if(!empty($qq)){
echo "你的 QQ: $qq<br>";
} else{
echo "QQ 号应该是纯数字<br>";
}
if(!empty($email)){
echo "$email 验证通过<br>";
} else{
echo "$email 验证不符合要求<br>";
}
}else{
?>
<form action="" method="POST">
QQ 号码: <input type="text"  name="qq"><br>
E-mail:<input type="text"  name="email"><br>
<input type="submit" name="tijiao" value="提交" />
</form>
<?php } ?>
```

运行程序，如图 9-1 所示，输入数据后，单击"提交"按钮，结果如图 9-2 所示。

图 9-1　验证表单

图 9-2　验证结果

还可以用正则表达式进行验证过滤，但是使用 PHP 内置函数更方便一些。这些函数包含错误的可能性比自己写的代码出错的可能性要低得多，而且在过滤逻辑中的一个错误几乎就意味着一个安全漏洞。

9.1.2　SQL 注入及防范

1. SQL 注入

SQL 注入是一种常见的数据库攻击手段，它通过把 SQL 命令插入到 Web 页面请求的查询字符串中，以达到欺骗服务器、执行恶意 SQL 命令的目的。SQL 注入表现方式之一，就是恶意用户通过在表单中填写包含 SQL 关键字或者特殊字符的数据来扰乱程序原来的执行逻辑，使数据库执行非常规代码。

Web 安全之 SQL
注入（微课）

2. SQL 注入案例

分析以下登录表单程序：

```
<form action="login.php" method="POST">
  <p>Username: <input type="text" name="uname" /></p>
  <p>Password: <input type="password" name="upass" /></p>
  <p><input type="submit" value="Log In" name="login" /></p>
</form>
<?php
if(isset($_POST["login"])){
$uname=$_POST["uname"];        //取得用户填写的用户名和密码
$upass=$_POST["upass"];
include "conn.php";             //到数据库中去查找该账号
$sql="select  *  from  users  where  username='$uname'  and
userpwd='$upass'";
  }
?>
```

在正常情况下，当用户输入用户名“admin”，密码“123”，程序的执行逻辑是：

```
$sql="select * from users where username='admin' and userpwd= ' 123'";
```

但是 SQL 注入时，当用户输入“asdf（或者任意值）”，密码“' or '1'='1”，程序的执行逻辑变成了：

```
$sql="select * from users where username='asdf' and userpwd=' ' or
'1'='1'";
```

由于 where 后的条件恒为真，因此造成查询能得到满足，这就发生了 SQL 注入攻击。追究其原因，就是由于用户输入的数据中包含有关键字 or 和特殊字符引号，而程序没有对输入进行检查过滤造成的。

3. SQL 注入的防范

首先要有安全意识，注意安全防范。从编程角度讲，要对用户的输入进行过滤和校验，可以通过正则表达式，或限制长度，或对单引号等特殊字符进行转换等。针对上面的注入，修改程序中

```
$upass=$_POST["upass"];
```

为

```
$upass=addslashes($_POST["upass"]);
```

通过使用 addslashes()函数转义，可以避免这种注入的发生。

其次，对于应用的异常信息，最好使用自定义的错误信息对原始错误信息进行包装，避免攻击者通过渗透测试，从原始错误信息猜测出数据库、数据表的信息，从而入侵网站。

任务 9.2　数据库的安全性

【任务描述】项目 8 中所做的商品信息查询网页，使用了 MySQL 管理员账号 root 登录数据库服务器并实施查询操作。从安全角度出发，现在需要增加一个 guest 账号，用于查询和管理 sp_info 数据表。

【任务分析】数据库服务器通过账号管理和权限管理进行数据的安全管理。账号用于区分合法用户与非法用户，权限管理则用于对合格账号进行权力划分与限制，防止合法用户做出超越权限之外的事情。要完成该任务，需要先创建 guest 账号，再授予权限。

■ 任务相关知识与实施

在网站运行过程中，后台数据库安全非常重要。数据库的用户管理、权限分配和敏感字段加密存储是实现安全的重要措施。

9.2.1　MySQL 安全管理机制

1. 账户管理

MySQL 最基本的安全措施是账户管理。账户由用户名、密码以及位置（一般由服务器名、IP 或通配符）组成，这也称为 MySQL 的用户结构。

MySQL 的用户信息存储在 MySQL 自带的 mysql 数据库的 user 表中。使用数据库时，建议以普通账户安全运行 mysqld，禁止以 root 账号权限运行 mysql，攻击者可能通过 mysql 获得系统 root 超级用户权限，完全控制系统。

如果创建一个新的用户，这个新的用户就叫作 SQL 用户，在使用新建立的用户前，要先给该用户授予一定的权限。

2. MySQL 的安全检查

MySQL 数据库中有三种不同类型的安全检查，说明如下：

1）登录验证：使用用户名和密码验证。只有输入了正确的用户名和密码，这个验证方可通过。

2）授权：设置用户的具体权限，例如是否可以删除数据库中的表等。

3）访问控制：设置用户可以对数据表进行什么样的操作，如是否可以编辑数据库，是否可以查询数据等。

9.2.2　用户管理

1. 创建用户账号

在 MySQL 数据库中，建立用户账号有三种方式：使用 CREATE USER 语句来创建新的用户，直接在 mysql.user 表中用 insert 语句添加用户，使用 GRANT 语句来新建用户。三种方式分别说明如下。

（1）使用 CREATE USER 语句创建用户

添加一个或多个用户，并设置相应的密码。必须要拥有 CREATE USER 权限。其格式如下：

```
CREATE USER user [IDENTIFIED BY [PASSWORD] 'password'] [,user
[IDENTIFIED BY [PASSWORD] 'password']]…
```

参数说明如下。

user：其格式为'user_name'@'host_name'，user_name 为用户名，host_name 为主机名。

IDENTIFIED BY 子句中 password 为该用户的密码。

例 9-4 用 CREATE USER 语句创建 MySQL 用户。创建新用户：guest；密码：123。

```
CREATE USER 'guest'@'localhost' IDENTIFIED BY '123';
```

在 mysql 命令行下执行，结果如图 9-3 所示。执行之后，user 表会增加一行记录，密码是密文，系统自动使用 password()函数加密。用户的权限暂时全部为'N'。

图 9-3 用 CREATE USER 语句创建用户 guest

（2）直接在 mysql.user 表中添加用户

例 9-5 用 INSERT 语句创建 MySQL 用户。创建新用户：newuser；密码：123456。

```
INSERT INTO mysql.user(Host,User,Password)
VALUES('localhost','newuser',PASSWORD('123456'));
```

执行结果如图 9-4 所示。

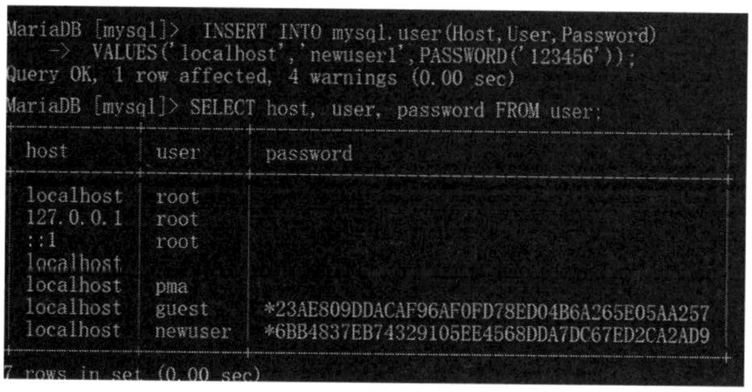

图 9-4 用 insert 创建用户 newuser

使用这种方法时，首先要拥有 mysql.user 表的 INSERT 权限，其次 user 表中的 ssl_type 字段等必须要设置值，否则执行 INSERT 语句时会报错误。这种方法创建的用户的权限暂时全部为'N'，因此在使用账号之前需要赋予权限。

2. 删除用户账号

删除用户账号的语法格式如下：

```
DROP USER user [,user_name] …
```

DROP USER 语句用于删除一个或多个 MySQL 账户，并取消其权限。要使用 DROP USER，必须拥有 mysql 数据库的全局 CREATE USER 权限或 DELETE 权限。例如：

```
DROP USER newuser@localhost ;   删除 newuser 账号
```

也可以使用 DELETE 语句直接将用户的信息从 mysql.user 表中删除。但必须拥有对 mysql.user 表的 DELETE 权限。

9.2.3 权限管理

现实生活中，不同的工作岗位有不同的岗位职责权限，每个人应该做好自己职责范围内的事情，不可以越权操作，这就是权限管理。在计算机数据世界里，不同的用户账号有不同的操作权限，用户只能在权限范围内操作，否则就会出错，这就是数据库的权限管理。

1. 查看用户的权限

使用 SHOW GRANTS 语句可以查看账户权限。例如：

```
SHOW GRANTS;                      查看当前用户账号权限
SHOW GRANTS FOR guest@localhost;  查看 guest 账号权限
```

查看结果如图 9-5 所示。

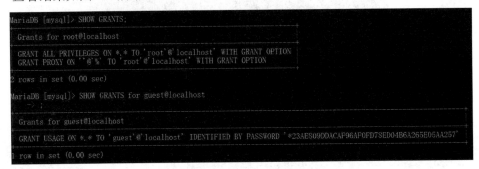

图 9-5　查看权限

在 GRANT 语句中，root 用户权限 ALL PRIVILEGES 表示拥有所有权限，ON 关键字后面跟"*.*"，表示当前服务器上所有数据库中的所有数据表。Guest 用户的权限 usage 可以理解为无权限。

2. 给用户授予权限

给用户授予权限可以使用 GRANT 语句。其语法格式如下：

```
GRANT priv_type [(column_list)][,priv_type [(column_list)]] … ON
[object_type]{tbl_name | * | *.* | db_name.*} TO user [IDENTIFIED BY [PASSWORD]
'password'][,user [IDENTIFIED BY [PASSWORD] 'password']] … [WITH with_option
[with_option] …]
```

说明：priv_type 为权限的名称，如 SELECT、UPDATE 等，给不同的对象授予权限 priv_type 的值也不相同。TO 子句指定要授的权用户名，若用户不存在，会自动创建用户；IDENTIFIED BY 用来设定用户的密码；ON 关键字后面给出的是要授予权限的数据库或表名。MySQL 的权限有列权限、表权限、数据库权限，priv_type 的常见取值有以下几种。

SELECT：给予用户使用 SELECT 语句访问特定的表的权力。

INSERT：给予用户使用 INSERT 语句向一个特定表中添加记录的权力。

DELETE：给予用户使用 DELETE 语句向一个特定表中删除记录的权力。

UPDATE：给予用户使用 UPDATE 语句修改特定表中记录值的权力。

CREATE：给予用户使用特定的名字创建一个表的权力。

ALTER：给予用户使用 ALTER TABLE 语句修改表的权力。

INDEX：给予用户在表上定义索引的权力。

DROP：给予用户删除表的权力。

CREATE VIEW：给予用户在特定数据库中创建新的视图的权力。

SHOW VIEW：给予用户查看特定数据库中已有视图的视图定义的权力。

CREATE ROUTINE：给予用户为特定的数据库创建存储过程等权力。

ALL 或 ALL PRIVILEGES：表示所有权限名。

例 9-6 使用 grant 给用户 guest 授权。在 root 用户下，授予 guest 对数据表 sp_info 的 SELECT、INSERT 和修改指定字段的权限。

```
use sp;
grant select on sp.sp_info to guest@localhost;
grant update(spname,spjianjie,spprice),insert on sp.sp_info to guest@localhost;
```

执行授权的过程及结果如图 9-6 所示。GRANT 给用户添加权限，权限会自动叠加，不会覆盖之前授予的权限，先给用户添加一个 SELECT 权限，后来又给用户添加了一个 INSERT 权限，那么该用户就同时拥有了这两种权限。

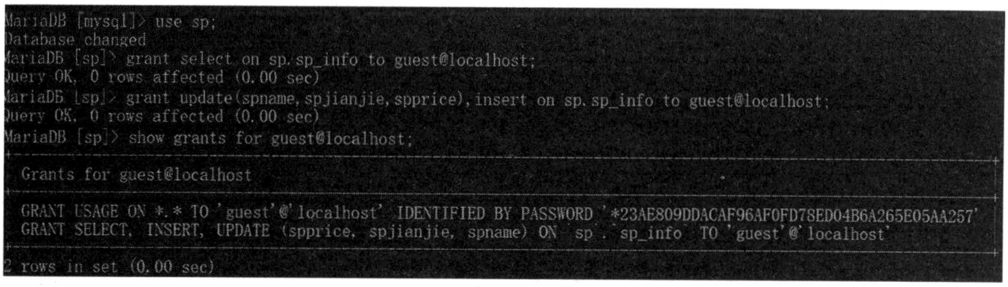

图 9-6 用 grant 给用户 guest 授权

使用 grant 授予权限时，如果指定的用户不存在，会自动创建用户并授予权限。

例 9-7 使用 grant 给用户 admin 授权。

```
GRANT SELECT ON sp.* TO admin@localhost IDENTIFIED BY '123';
```

执行该语句之前，MySQL 系统中没有 admin 账号，执行 grant 语句的过程及结果如图 9-7 所示，admin 账号被创建并被授权。

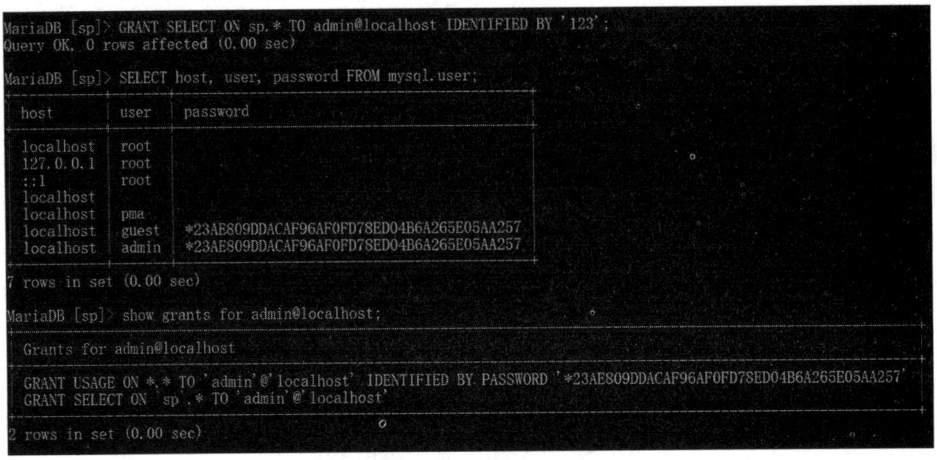

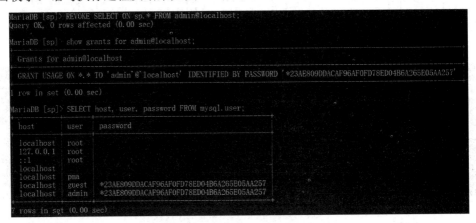

图 9-7 创建 admin 账号并授权

3. 回收权限

要从一个用户回收权限，但不从 user 表中删除该用户，可以使用 REVOKE 语句。要使用 REVOKE 语句，用户必须拥有 mysql 数据库的全局 CREATE USER 权限或 UPDATE 权限。

语法格式如下：

```
REVOKE priv_type [(column_list)][,priv_type [(column_list)]] … ON
{tbl_name | * | *.* | db_name.*} FROM user [,user] …
```

例 9-8 回收用户 admin 的 SELECT 权限。

```
REVOKE SELECT ON sp.* FROM admin@localhost;
```

由于 admin 用户的 SELECT 权限被回收了，那么直接或间接地依赖于它的所有权限也回收了。语句执行过程及结果如图 9-8 所示。

图 9-8 回收 admin 账号权限

或者使用下面语句回收指定用户的所有权限。

```
REVOKE ALL PRIVILEGES,GRANT OPTION FROM user [,user] …
```

例如：

```
REVOKE ALL PRIVILEGES,GRANT OPTION FROM admin@localhost;
```

9.2.4　使用新账号登录 MySQL

完成了用户创建并授权后，要使用新的账号登录 MySQL 服务器，需要重新启动 MySQL 服务，登录服务器才能做权限内的操作。步骤如下。

1）重新启动 mysql 服务。在操作系统命令行下，输入"service mysqld restart"重新启动 mysql 服务。

2）使用新账号 guest 登录服务器，语句如下：

```
#mysql -u guest -p
```

3）对 sp 数据库中 sp_info 数据表执行查询操作，语句如下：

```
MariaDB [(none)]> select * from sp.sp_info;
```

整个操作过程如图 9-9 所示。

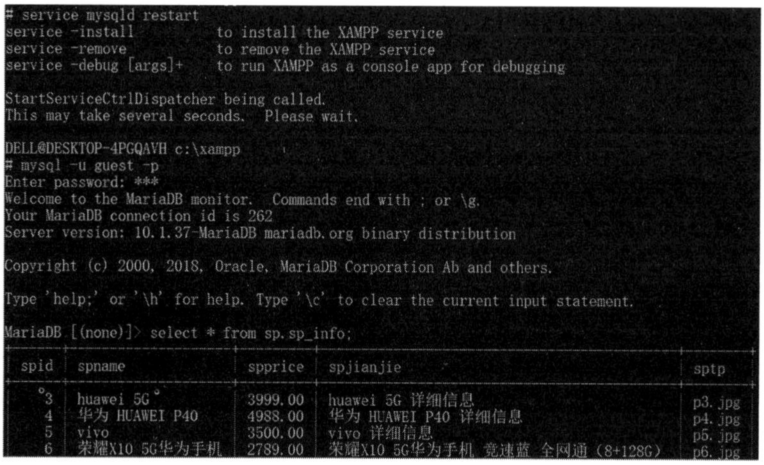

图 9-9　使用新账号登录服务器并执行操作

作为对比，尝试使用 guest 账号对 sp 数据库中的 users 数据表执行查询操作，由于 guest 账号并没有查询 users 表的权限，因此执行出错，结果如图 9-10 所示。

图 9-10　用 guest 账号查询 users 表出错

完成上面的操作后，现在可以使用新创建的 guest 账号完成商品信息查询功能。

例 9-9　使用 guest 账户登录服务器查询商品信息。新建文件 chaxun.php，代码如下：

```php
<?php
$servername = "localhost";          //服务器名称
$username = "guest";                //登录服务器的用户名
$password = "123";                  //登录服务器的密码
$dbname= "sp";                      //要连接的数据库名称
// 创建连接，连接 sp 数据库
$con = mysqli_connect($servername, $username, $password, $dbname);
// 检测连接
if (!$con) {  die("连接出错了: " . mysqli_connect_error());  }
//设置数据库编码 UTF8，避免汉字乱码
```

```
mysqli_query($con,"set names utf8");
//查询 sp_info 数据库
$sql="select * from sp_info";
$results=mysqli_query($con,$sql);      //查询结果保存在$results 变量中
if(mysqli_num_rows($results)>0) {
    // 输出数据
    while($cur_sp=mysqli_fetch_row($results)) {
        echo "商品编号: " .$cur_sp[0]. "</br>";
        echo "商品名称: " .$cur_sp[1]. "</br>";
        echo "商品价格: " .$cur_sp[2]. "</br>";
        echo "商品简介: " .$cur_sp[3]. "</br>";
        echo "商品图片: ".$cur_sp[4]. "</br>";
        echo "<hr>";
    }
} else {    echo "0 结果"; }
//释放记录集, 关闭连接
mysqli_free_result($results);
mysqli_close($con);
?>
```

程序运行时，能正确连接到数据库服务器并读取 sp_info 表的数据。

9.2.5 密码加密

如果数据库保存了敏感的数据，如银行卡密码，客户信息等，这些数据需要以密文形式保存在数据库中。这样即使有人非法进入数据库，也很难获得其中的真实信息。MySQL 提供了三个函数用于数据加密：PASSWORD、SHA1 和 MD5。以加密字符串"123"为例，用不同函数加密的结果如图 9-11 所示。

图 9-11　用不同的函数加密字符串"123"

可以看到，每个函数都返回了一个加密后的字符串。这些加密函数使用哈希算法对数据进行加密。哈希加密是一种单向密码体制，即它是一个从明文到密文的不可逆的映射，被加密的字符串是无法得到原字符串的。因此，在比较时并不是将加密字符串进行解密，而是将用户输入的字符串使用同样的方法进行加密，再和数据库中保存的密文字符串进行比较，若密文相同，则明文就相同。

例 9-10 密码加密保存。使用 INSERT 语句给 sp 数据库的 users 表中插入一条记录，密码字段使用 MD5 进行加密，SQL 语句如下：

```
INSERT INTO users (username,userpwd) VALUES ('user1',MD5('123456'));
```

结果如图 9-12 所示。

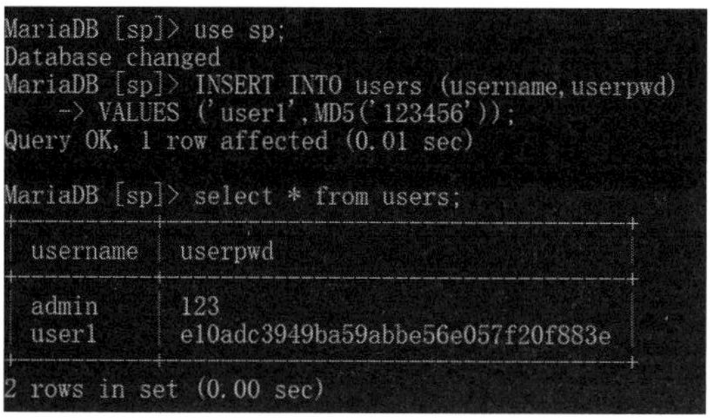

```
MariaDB [sp]> use sp;
Database changed
MariaDB [sp]> INSERT INTO users (username,userpwd)
    -> VALUES ('user1',MD5('123456'));
Query OK, 1 row affected (0.01 sec)

MariaDB [sp]> select * from users;
+----------+----------------------------------+
| username | userpwd                          |
+----------+----------------------------------+
| admin    | 123                              |
| user1    | e10adc3949ba59abbe56e057f20f883e |
+----------+----------------------------------+
2 rows in set (0.00 sec)
```

图 9-12　密码用 MD5 函数加密保存

当密码使用密文保存后，编写 PHP 程序实现用户登录时，对应的代码也需要修改为获取用户填写的密码，用相同的方法加密得到密文，再使用密文到数据库中查找。可以通过如下语句进行密码验证：

```
<?php
$uname=$_POST['str1'];            //str1 代表输入的用户名
$upass=$_POST['str2'];            //str2 代表输入的密码
$sql="SELECT * FROM users WHERE username ='$uname' AND userpwd = MD5('$upass')";
?>
```

通过使用密文方式保存密码，可以避免密码被盗用，提高了数据安全性。

项目总结

在开放环境中运行的网站时刻面临着安全威胁。作为网络使用者，我们要有安全意识，不做危害网络安全的行为。作为 Web 应用的设计和编程人员，要有安全防范意识，尽量通过编程确保用户提交的数据是安全的。当网页输出信息时，应遵守“用户只能看到允许看到的信息”的原则。通过过滤用户的输入和控制页面输出，构建安全的 Web 应用。

后台数据库的安全是网站安全运行的基础。通过用户账号管理和安全权限设置，达到控制非法用户登录和合法用户越权访问的目的。通过本项目的学习，了解如何使用 PHP 过滤用户的输入，对 SQL 注入，对 XSS 攻击进行防范，创建 MySQL 用户账号并授权，实现了角色控制，能对网站进行必要的安全防御，有利于应用安全的提升。

项目测试

知识测试

一、选择题

1. 下列对跨站脚本攻击 XSS 的解释最准确的是（　　）。

A. 引诱用户点击网络连接的一种攻击方法

B. 构造精妙的 SQL 语言对数据库进行非法访问

C. 一种很强大的木马攻击手段

D. 将恶意代码嵌入到用户浏览器的 Web 页面中，从而达到恶意目的

2．Web 开发过程中，以下（　　　）习惯可能导致安全漏洞。

A. 严格检查过滤用户的输入

B. 遵循安全开发规范

C. 给程序写注释

D. 在代码中打印日志输出敏感信息方便调试

3．关于 SQL 注入说法正确的是（　　　）。

A. SQL 注入攻击是攻击者直接对 Web 数据库的攻击

B. SQL 注入攻击除了可以让攻击者绕过认证之外，不会再有其他危害

C. SQL 注入漏洞，可以通过加固服务器来实现

D. SQL 注入攻击，可以造成整个数据库全部泄露

4．保护数据库防止未经授权的或者不合法的使用造成数据泄露、更改破坏，这是指数据的（　　　）。

A. 安全性　　　　　B. 完整性　　　　　C. 并发控制　　　　　D. 恢复

5．下列选项中，（　　　）包含着权限表。

A. test 数据库　　　B. mysql 数据库　C. temp 数据库　　　　D. mydb 数据库

6．下面（　　　）语句能够删除用户 user。

A. DELETE USER 'user1'@'localhost';

B. DROP USER 'user1'.'localhost';

C. DROP USER 'user1'#'localhost';

D. DROP USER 'user1'@'localhost';

7．通过使用 addslashes() 函数转义用户的输入，可以有效防止 SQL 注入，这种说法（　　　）。

A. 正确　　　　　　　　　　　　B. 错误

8．MySQL 服务器中的用户信息存储在 mysql.user 表中，这种说法（　　　）。

A. 正确　　　　　　　　　　　　B. 错误

9．使用 CREATE USER 语句创建一个新用户后，该用户可以访问所有数据库，这种说法（　　　）。

A. 正确　　　　　　　　　　　　B. 错误

10．使用 SHOW GRANTS 语句查询权限时需要指定查询的用户名和主机名，这种说法（　　　）。

A. 正确　　　　　　　　　　　　B. 错误

二、简答题

1．简述网站的常见的安全防范措施。

2．举例说明 PHP 中进行数据过滤的函数的用法。

技能测试

1. 下面的程序中有编程漏洞，请对程序进行修改，使之能够抵御 XSS 攻击。具体要求如下。

1）有一个 PHP 网页，其运行结果如图 9-13 所示。对该页面进行渗透测试，当在消息文本框中输入"<script> while(1) alert("hi")</script>"后，单击"提交"按钮，会造成 Web 异常。

图 9-13 渗透测试页面

程序源代码如下：

```
<!doctype html>
<html>
<head>
<meta charset="utf-8">
<title>无标题文档</title>
</head>
<body>
<form method="post" action="xssinsert.php">
用户名:<input type="text" name="uname"><p>
消息:<textarea roww="10" cols="50" name="message"></textarea>
<p>
<input type="submit" value="提交" name="queding">
<input type="reset" value="取消">
</form>
</body>
</html>
```

"提交"按钮跳转到的 xssinsert.php 文件代码如下：

```
<?php
//文件名：xssinsert.php
$uname=$_REQUEST["uname"];
$message=$_REQUEST["message"];
 echo "$message";
?>
```

2）请对该网页代码进行修改完善，使之能抵御这种攻击。

提示：这种注入的特点是用户输入的数据$message 中包含了特殊字符"<"和">"，在输出变量之前，先对$message 变量进行过滤，然后输出。在下面写出修改后的代码。

```
<?php
//文件名：xssinsert.php
$uname=$_REQUEST["uname"];
```

```
$message=$_REQUEST["message"];
    在这里补全代码

?>
```

2. 分析下面程序 login.php 的功能，对其进行修改，使之能够抵御 SQL 万能密码注入。

```php
<form action="login.php" method="POST">
 <p>Username: <input type="text" name="uname" /></p>
 <p>Password: <input type="password" name="upass" /></p>
 <p><input type="submit" value="Log In" name="login" /></p>
</form>
<?php
if(isset($_POST["login"])){
$uname=$_POST["uname"];        //取得用户填写的用户名和密码
$upass=$_POST["upass"];
include "conn.php";            //到数据库中查找该账号
$sql="select * from users where username='$uname' and userpwd='$upass'";
 }
?>
```

学习效果评价

序号	评价内容	个人自评	同学互评	教师评价
1	能够用 PHP 过滤用户输入			
2	能够通过编码防范 SQL 注入			
3	能够创建 MySQL 账号并授权			
4	能够通过编码防范 XSS 攻击			
5	能够在数据库中用密文保存用户密码			
6	安全编码思维：从编程角度对网站进行安全防御			
7	安全意识精神：在使用网络过程中树立安全意识			
8	自主学习：网络学习资源辅助学习			
评价标准				
A：能够独立完成，熟练掌握，灵活应用，有创新				
B：能够独立完成				
C：不能独立完成，但能在帮助下完成				
项目综合评价：>6 个 A，认定优秀；4~6 个 A，认定良好；<4 个 A，认定及格				

项目 *10*

电子商务网站的设计与实现

知识目标 ☞
- 了解网站建设前期的规划和设计过程。
- 分析网站的功能需求，设计网站的功能模块。
- 分析网站的数据需求，设计网站的数据库。

技能目标 ☞
- 能够编程实现网站用户注册登录、商品分类、商品管理模块。
- 能够编程实现商品展示、购物车管理、会员中心模块。
- 能够综合应用 HTML、CSS、PHP、MySQL 开发网站。

思政目标 ☞
- 培养认真细致的工作态度。
- 养成与组员合作意识，责任意识。
- 养成主动学习、独立思考和细心检查的学习习惯。
- 培养创新能力和分析问题、解决问题的能力，能够利用互联网为学习和生活提供服务。

网络的快速发展给人们的生活方式带来了变革，网络购物消费已经成为生活常态。本项目从网站建设角度，分析了电子商务类网站的功能需求，设计了网站的功能结构，并使用 DIV+CSS+PHP+MySQL 技术制作完成了一个简单的电子商务类网站。通过该项目，将前面所学的知识融会贯通，让读者掌握使用 PHP 技术开发网站的一般过程和方法，能够综合应用网页制作技术进行网站开发。

任务 10.1 网站规划与设计

【任务描述】 确定网站的主题，分析网站功能，给出网站的功能结构和文件组织目录结构，设计并创建网站所需的数据库。

【任务分析】 分析电子商务网站的功能需求，设计网站功能模块，设计并创建网站所需的数据库文件。

■ 任务相关知识与实施

开发网站包括以下基本过程：网站规划、网站设计、网页制作、网站测试、网站发布以及网站运营推广。

10.1.1 网站规划

网站规划从选择网站的主题开始。根据网站的开发目标和访问网站的目标用户群，确定网站的主题和风格，并确定网站的名字和网站 Logo。

1. 网站主题

本项目计划做一个"电商助农"网站，以宣传、展示天然优质农产品为主，并提供模拟销售功能，以解决长期以来由于受自然环境、交通条件等因素的影响，农产品销路不畅的问题。

2. 网站风格

网站风格通过网页布局和色彩选择呈现给浏览者不同的综合感受。根据助农网站的内容，选择以"绿色"为主色调，网页使用"三行式"布局，体现简洁明快、清爽温馨的风格。

3. 网站栏目

网站的导航栏目设计以宣传和销售农产品为主，分为"特色产品""产地实拍""助农故事""会员中心"。

10.1.2 网站功能分析与设计

根据用户需求和市场形势提供商品的详细信息，并对商品进行详细的分类，方便用户查找和购买商品。系统设计分为前台购物和后台管理两部分。前台主要提供购物车和结账功能，用户选择商品并在线提交订单；后台管理系统提供商品管理、用户管理，使得系统具有良好的交易界面和管理平台。

电子商务网站最基本的功能是商品展示、用户购物和后台商品管理三大功能。访问该网站的目标用户群可以细分为如下三类用户。

1）普通游客：无须登录，直接浏览商品信息、进行商品搜索功能等。

2）会员用户：在普通游客的基础上，提供用户购物功能，主要包含会员注册、会员登录、选购商品放入购物车、产生订单、充值、在线支付等功能。

3）管理员用户：在会员用户基础上，提供维护商品类别管理、商品信息管理和会员用户管理等功能。类别管理包含商品类别添加、修改、查看功能。商品信息管理包含商品信息浏览、添加、修改、删除功能。用户管理包含用户信息浏览与删除功能。

根据需求分析，确定系统的设计思路：要求网站后台能够对商品、商品分类进行管理。网站前台具有商品分类浏览、购物车和付款功能。网站提供用户注册和登录，能够保存用户的收货地址等信息。网页界面设计要求美观大方、操作方便。网站的功能结构如图 10-1 所示。

10.1.3 网站的目录结构设计

网站使用 PHP+MySQL 技术开发，用 DIV+CSS 技术进行网页结构布局。为了方便开发工作，规范项目整体结构，创建网站目录结构如图 10-2 所示。网站根目录名称为 **gouwusite**，其中的各个子文件夹的作用如下：

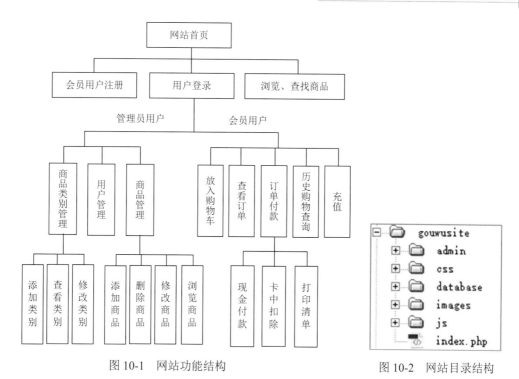

图 10-1　网站功能结构

图 10-2　网站目录结构

1）admin 文件夹存放后台管理相关文件。

2）css 文件夹存放网站样式表文件。

3）database 文件夹存放网站数据库文件。

4）images 文件夹存放网站中使用的图片。

5）js 文件夹用于存放网站中用到的 javascript 文件。

网站的首页为 index.php。

10.1.4　网站的数据库设计

根据网站的功能需要，设计网站数据库，数据库名为 gouwu，其中包括的数据表介绍如下。

1. 会员信息表 usertable

会员信息表用于存放网站用户信息，其结构如表 10-1 所示。为了区分普通会员和管理员账号，特地设置了 flag 字段，flag=0 表示普通会员用户，flag=1 表示管理员用户。管理员信息可以在建立数据表时直接写入数据表中，普通会员信息则通过网页用户注册功能写入数据表中。

表 10-1　会员信息表 usertable

字段	类型	空	描述
id	int(11)	否	会员 id，主键，自动增长
username	varchar(20)	否	用户名，不能重复
userpwd	varchar(50)	否	用户密码
question	varchar(50)	是	密码问题

续表

字段	类型	空	描述
answer	varchar(100)	是	密码问题答案
tel	varchar(11)	是	联系电话
address	varchar(100)	是	地址
flag	int(11)	是	用户类型标志，1：会员用户；0：管理员用户
money	float	是	卡内余额
jifen	int(11)	是	积分

2. 商品类别表 type

网站中商品比较多，使用分类管理，设置了商品类别表，结构如表 10-2 所示。

表 10-2　商品类别信息表 type

字段	类型	空	描述
id	int(11)	否	表 id，主键，自动增长
name	varchar(50)	是	商品类别名称

3. 商品信息表 sp

商品信息表用于保存商品的详细信息，结构如表 10-3 所示。

表 10-3　商品信息表 sp

字段	类型	空	描述
id	int(11)	否	商品 id，主键，自动增长
type	int(11)	是	商品类别编号，取值商品类别表
name	varchar(100)	是	商品名称
num	int(11)	是	商品数量
money	float	是	商品单价
photo	varchar(100)	是	商品图片信息
content	text	是	商品描述
haoping	int(11)	是	商品好评

4. 订单信息表 dingdan

当用户选购商品后，产生的订单数据保存在订单信息表中，结构如表 10-4 所示。其中，flag 字段用于区分订单是否付款，0 表示未付款的订单，即购物车；1 表示已付款的订单。

表 10-4　订单信息表 dingdan

字段	类型	空	描述
id	int(11)	否	订单 id，主键，自动增长
sp_id	int(11)	是	购买商品的 id
num	int(11)	是	购买数量
user	varchar(20)	是	用户名
time	datetime	是	购买时间
flag	int(11)	是	是否已付款，1：已付款；0：未付

10.1.5　创建网站数据库

按照所设计的数据库以及数据表结构，在 MySQL 中创建名为 gouwu 的数据库，数据库字符集使用"uft8_general_ci"，如图 10-3 所示。

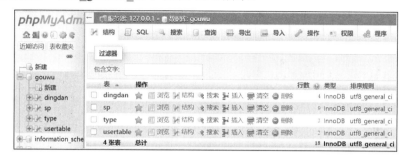

图 10-3　gouwu 数据库及其表

在 gouwu 数据库中，依次创建各个数据表，所创建的数据表的结构如图 10-4～图 10-7 所示。为了防止汉字乱码，所有数据表中字段类型为 varchar 类型或者 text 类型，要求设置字段字符集使用"uft8_general_ci"。

图 10-4　usertable 表结构

图 10-5　type 表结构

图 10-6　sp 表结构

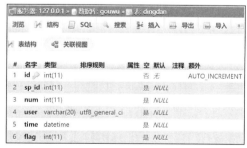

图 10-7　dingdan 表结构

建好数据表的结构后，在用户信息表 usertable 中添加一条记录作为管理员账号，用来对网站后台进行管理，使用下面命令完成：

```
insert into usertable(username,userpwd,flag) values("admin","123",1);
```
表中的其他用户数据将通过网站注册功能写入，对应的用户 flag 值会自动设置为 0。

10.1.6 创建网站与数据库连接文件 conn.php

在站点根目录下，创建 conn.php 文件，用于实现 PHP 连接 MySQL 数据库服务器。
文件内容如下：

```php
<?php
/* 文件名：conn.php，定义数据连接 */
$con=mysqli_connect("localhost","root","");
if(!$con){ echo "数据库连接失败! "; exit;}
mysqli_select_db($con,"gouwu");   //设置当前访问的数据库
mysqli_query($con,'set names utf8');
?>
```

这段代码指定了网站要连接使用的 MySQL 数据库位于 localhost 服务器上、名称为
gouwu 的数据库。这样，当网站中其他网页需要连接该数据库的时候，只需要使用 require
语句或者 include 语句引用该 conn.php 文件即可。

任务 10.2　首页设计及实现

【任务描述】完成网站首页的制作。首页功能要求：具有网站导航功能，能够实现
用户登录与注册，具有商品分类查找功能，能够展示商品信息。

【任务分析】网站首页的制作主要分为以下子任务：使用 DIV+CSS 技术实现网页布
局；制作网页头部，包含商品查找与网站导航；制作商品内容展示区。

■ 任务相关知识与实施

网站首页是网站的入口，要求突出网站主题，以简洁、直接的页面布局风格把主要
内容展示给用户。

10.2.1 首页布局结构设计与实现

1. 布局设计

首页的布局结构设计如图 10-8 所示。使用三行式布局，第一行是由 header 和 daohang
两部分组成的网页头部，主要实现用户登录、商品信息搜索、网站导航。第二行是网页
主体部分 main，是商品展示区域，以图片方式展示商品信息。第三行是网页尾部 footer，
用于声明版权等信息。网站首页的制作效果如图 10-9 所示。

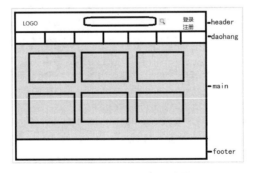

图 10-8　首页的布局结构

图 10-9　网站首页的制作效果

2. 布局实现

可以使用 DIV+CSS 技术实现如图 10-8 所示的布局。DIV 结构代码如下：

```
<div class="content"><!--整个网页开始 -->
    <div class="box">头部内容</div>
    <div class="main">商品展示 </div>
    <div class="weibu">尾部内容</div>
</div><!-- 整个网页结束 -->
```

3. 网站的 CSS 样式

CSS 部分的代码如下：

```
@charset "utf-8";
/* index.php, header 部分的样式 */
*{margin:0; padding:0; font-family:"微软雅黑","黑体",Verdana,Arial;
-webkit-text-size-adjust:none;font-size:14px;  }
form,input,select,textarea,td,th {font-size:14px;}
form {margin:0px;padding:0px;}
a:link,a:visited,a:active {color:#333333;text-decoration:none;}
a:hover {color:#77C019;}
/* 头部开始 */
.content{width: 960px;height: auto;  margin: 10px auto;}
.box{width: 100%;height: 128px;border-bottom: 1px solid #000;}
```

219

```
     .box .user{width: 100%;height: 28px;line-height: 28px;background-
color:#eee;text-align:right;}
     .box .searchbox{width: 100%;height: 100px;line-height:5px;}
     .logo {float:left;width:30%;height:100px;overflow:hidden;border:none;}
     .logo img  {margin:15px 0 0 60px;height:75px;}
     .search  {float:left;width:55%;height:32px;margin-top:35px;border:1px
solid red;border:2px solid #060;}
     .search_m {width:128px;cursor:default;padding:2px 8px 0 12px;height:
32px;line-height:20px;color:#666666;
        background:url(../images/logo_bg.jpg); border:none; border-right:1px
solid #ccc;}
     .search_i  {width:255px;height:30px;line-height:20px;color:#666666;
border:none;}
     .search_i:focus{outline:none;}
     .search_s {width:80px;height:34px;border:4px solid #060;padding:0;
margin:0;cursor:pointer; background:url(../images/btn_bg.jpg);color:#fff;
float:right;}
     /* 头部结束 */
     /* 导航开始 */
     .content .daoghang{width: 100%;height: 38px;line-height:38px; background-
color:#008000;letter-spacing:1px;border-bottom: 1px solid #000;}
     .content .daoghang ul{list-style: none;margin-left:130px;}
     .content .daoghang ul li{width: 120px;height: 38px;float:
left;line-height: 38px;padding-left: 55px;}
     .content .daoghang ul li a{ text-decoration: none;color: #fff;
font-weight:bold;}
     .content .daoghang ul li:hover{background:#eaff00;}
     .content .daoghang ul li a:hover{color:#337200;}
     /* 导航结束 */
     /* 中间部分开始 */
     .main{ width:100%;height:auto;  }
     /* 中间部分结束 */
     /* 尾部开始 */
     .weibu{ width:100%;height: 98px;text-align:center;line-height:30px;
background-color:#F4F4F4;}
     .weibu .text{background:#008000;border-top:#DDDDDD 1px solid;padding:
0 10px 0 10px;text-align:center;height:40px;line-height:40px;overflow:hidden;
color:#fff;}
     .weibu span{color:#000; font-weight:normal;}
     /* 尾部结束 */
     /*首页商品展示部分*/
     .main .showtable{ margin:0 auto;}
     .main .regform{margin:10px 80px;}
     /*充值*/
     #chongzhi{ border:1px solid green; margin:20px 0 0 0px; line-
height:30px; padding:0 0 0 20px;}
```

10.2.2 制作网页头部 header.php

网页头部 header.php 的效果如图 10-10 所示。其中主要包括用户管理模块和商品搜索模块两部分。用户管理模块包括用户注册、用户登录和退出功能。商品搜索模块提供按类别搜索界面，用户可以通过商品类别和商品名称关键字查找商品信息。其中，商品类别使用下拉列表实现，其数据来源于 gouwu 数据库的 type 数据表。下面分别介绍用户注册、用户登录、退出和网页头部 header.php 的实现。

图 10-10 header.php 运行结果

（1）用户注册 register.php

用户注册是用户管理模块基本功能，分两步实现：第一步，提供表单界面，让用户填写。

register.php 程序的源代码如下：

```
<form action="zhucechuli.php" method="post" class="regform" >
<center><h4>用户注册</h4></center>
 用户名: <input type="text" name="uname"  required><br>
 密码: <input type="password" name="upass"  required><br>
 密码问题: <input type="text" name="question"  required><br>
 密码问题答案: <input type="text" name="answer"  required><br>
 收货地址: <input type="text" name="addr"  required><br>
 联系电话: <input type="text" name="phone"  required><br>
 <p><input type="submit" value="注册" name="zhuce"/>
   <input type="reset" value="取消" />
 </form>
```

第二步，当表单提交后，由 zhucechuli.php 程序把用户注册数据写入数据库的用户信息表 usertable 中。

zhucechuli.php 程序的源代码如下：

```
<?php
if(isset($_POST["zhuce"])){
//当用户填写完注册表单后，获取填写的数据，写入数据库中 user table
include "conn.php";
$uname=$_POST["uname"];
$upass=$_POST["upass"];
$addr=$_POST["addr"];
$phone=$_POST["phone"];
$question=$_POST["question"];
$answer=$_POST["answer"];
//查询用户名是否被占用
$sql="select * from usertable where username='$uname'";
$result=mysqli_query($con,$sql);
if(mysqli_num_rows($result)==0)  //没有找到该用户名
{
$sql="insert  into  usertable(username,userpwd,question,answer,address,
tel,flag)values('$uname','$upass','$question','$answer','$addr','$phone',0)";
if(mysqli_query($con,$sql)){
   echo "注册成功! <a href='index.php'>首页</a>";
   }else{   echo "注册失败"; }
}
```

```
else{ echo "{$uname}该用户名已经被占用！请<a href='register.php'>重新注
册</a>";}
        }
    ?>
```

（2）用户登录 login.php

用户登录的实现思想：提供表单，让用户填写用户名和密码；获取用户填写的用户名和密码，到 usertable 数据表中查找该用户是否存在，如果找到了，登录成功，启用 session 记录用户的用户名、密码、用户编号和 flag 值，以供后面的页面判断用户是普通会员用户还是管理员用户。

为了解决用户登录时密码不区分大小写问题，在 SQL 查询时，通过 binary 关键字加以解决。例如：

```
$sql="select * from usertable where binary userpwd='$upass'";
```

login.php 源代码如下：

```
<center><h4>用户登录页</h4></center>
<form action="login.php" method="post" class="regform">
用户名：<input type="text" name="uname" required><br>
密码：<input type="password" name="upass" required><br
<p><input type="submit" value="登录" name="denglu" />
</form>
<?php
  if(isset($_POST["denglu"])){
    //1. 提取用户填写的数据
    $uname=$_POST["uname"];
    $upass=$_POST["upass"];
    $upass=addslashes($upass);
    //2. 连接到数据库服务器，到 usertable 表中去查找
    include "conn.php";
    $sql="select * from usertable where username='$uname' and binary
userpwd='$upass'";
    $result=mysqli_query($con,$sql);
    if(mysqli_num_rows($result)===1){
      echo "登录成功";
      $row=mysqli_fetch_assoc($result);
      session_start();
      $_SESSION["uname"]=$uname;
      $_SESSION["upass"]=$upass;
      $_SESSION["flag"]=$row["flag"];
      $_SESSION["userid"]=$row["userid"];
      header("Location:index.php");
      }else{
      echo "用户名或者密码错误。重新登录";
        }
    }
  ?>
```

（3）退出 quit.php

当用户要离开网站时，出于安全考虑，提供了"退出"功能，用于释放 session 所记录用户的用户名、密码、用户编号和 flag 值。

quit.php 源代码如下：

```php
<?php
session_start();
unset($_SESSION["uname"]);
unset($_SESSION["upass"]);
unset($_SESSION["flag"]);
unset($_SESSION["userid"]);
header('location:index.php');
?>
```

（4）网页头部 header.php

header.php 文件判断当前用户是否登录，若已经登录，显示当前用户的用户名称，并提供"查看购物车"功能。再判断若当前用户是管理员，还提供"后台管理"功能。用户登录功能由 login.php 实现，若用户成功登录，则用 session 记录用户的身份。其中，$_SESSION["uname"]中存放用户名，$_SESSION["flag"]中存放用户 flag，1 表示管理员，0 表示普通会员。

header.php 源代码如下：

```php
<?php
  include "conn.php";
  $sql="select * from type";
  $result=mysqli_query($con,$sql);
  $n=mysqli_num_rows($result);
?>
<div class="box"><!-- 头部开始 -->
  <div class="user"><!-- 登录注册开始 -->
   <a href="register.php" target="_blank">注册 </a>|
    <a href='login.php'> 登录 </a>
  <?php
  session_start();
  if(isset($_SESSION["uname"])){
   echo " | ". $_SESSION["uname"];
   echo "<a href='quit.php'> | [退出] </a>" ;
   echo "<a href='look.php'> [查看购物车] </a>" ;
   if($_SESSION["flag"]==1){
     echo "<a href='admin/adminindex.php'> [后台管理] </a>";}
    }
  ?>
  </div><!-- 登录注册结束 -->
  <div class="searchbox"><!-- 搜索开始 -->
  <div class="logo"><a href="index.php"><img src="images/logo.jpg"
alt="Green stone"></a></div>
  <div class="search">
  <form action="search.php" method="post">
    <select name="sptype" class="search_m">
  <option value="0">--商品类别--</option>
    <?php
    for($i=0;$i<$n;$i++)
    {  $type=mysqli_fetch_array($result);
      echo "<option value='$type[id]'>".$type['name']."</option>";
```

```
        }
      ?>
       </select>
       <input type="text" placeholder=" 请 输 入 ..."  name="searchname"
class="search_i"/>
        <input type="submit" value="搜索" name="sousuo" class="search_s"/>
        </form>
        </div>
     </div><!-- 搜索结束 -->
   </div><!-- 头部结束 -->
```

当用户通过搜索表单选择了商品类别或者输入商品名称关键字后，由 search.php 处理，给出查找结果。

10.2.3 制作网页导航 daohang.php

网站导航的效果如图 10-11 所示。

图 10-11　daohang.php 运行结果

制作时使用 DIV+CSS 技术实现，其结构代码如下：

```
<div class="daoghang"><!-- 导航开始 -->
  <ul>
     <li><a href="index.php">特色产品</a></li>
     <li><a href="chandishipai.php">产地实拍</a></li>
     <li><a href="zhunonggushi.php">助农故事</a></li>
     <li><a href="user.php">会员中心</a></li>
  </ul>
</div><!-- 导航结束 -->
```

10.2.4 制作网页尾部 footer.php

网站尾部页面的效果如图 10-12 所示。

图 10-12　footer.php 运行结果

制作时使用 DIV+CSS 技术实现，其结构代码如下：

```
<div class="weibu"><!-- 尾部开始 -->
<div class="text"> 关于我们 | About us | 媒体报道 | 品牌招商 | 联系我们
</div>
<span>CopyRight ©  Electronic Commerce  Co., Ltd<br/> All Rights
Reserved</span>
</div><!-- 尾部结束 -->
```

10.2.5 制作首页 index.php

由于首页功能较多，为方便管理，首页使用模块化制作。直接引用 header.php、

daohang.php 和 footer.php 实现网页头部和网页尾部。这里重点介绍如何在商品展示区域 main 中展示商品信息。

制作思路如下:

1)从商品信息表中读取数据并保存到$result 中。由于商品数据表数据多,这里只显示一部分,其他商品信息通过网页头部的分类查找可以找到。

2)用表格布局,输出商品图片、名字和价格。

3)把$result 中的数据显示到页面上,一个单元格放一个商品图片。

4)给商品图片定义超链接,带参数跳转到 detail.php,为购买商品做准备。

网站首页 index.php 的完整代码如下:

```
<!DOCTYPE html>
<html>
 <head>
   <meta charset="utf-8">
   <title>首页</title>
    <link rel="shortcut icon" type="image/x-icon" href="images/logo.jpg"/>
    <link rel="stylesheet" type="text/css" href="./css/css1.css">
  </head>
<body>
<div class="content"><!-- content 开始 -->
   <?php
     require "header.php";
    require "daohang.php";
   ?>
   <div class="main"><!-- 商品展示开始 -->
   <?php
//数据浏览
include "conn.php";
$sql=" select * from sp order by id desc limit 0,15";
$result=mysqli_query($con,$sql);
if(mysqli_num_rows($result)===0){
    echo "商品数据表为空";
}else{
echo "<table border='0' cellspacing='20' class='showtable'>";
$i=0;            //用来控制换行
echo "<tr>";
while($row=mysqli_fetch_assoc($result)){
echo "<td>";
echo "<a href='detail.php?spid=$row[id]&spname=$row[name]&price=
$row[money]&jianjie=$row[content]&shuliang=$row[num]&picture=$row[photo]&
haoping=$row[haoping]&buyflag=1'>
   <img src='./images/$row[photo]' width='280' height='200'></a>
    <br>";
echo "¥".$row['money']. "<br>";
echo $row['name'];
echo "</td>";
$i++;
if($i%3==0){echo "</tr><tr>";}
    }
```

```
   echo "</tr><table>";
   }
 ?>
 </div> <!-- end of main 中间商品展示结束 -->
 <!-- 尾部开始 --> <?php require "footer.php";?> <!-- 尾部结束 -->
</div><!-- content 结束 -->
</body>
</html>
```

10.2.6 制作搜索页 search.php

该程序是当用户在网页头部通过搜索表单提交后跳转过来的，其功能是查找满足条件的商品并显示。

制作思路如下：

1）判断表单提交，获取用户要查找的商品类别和商品名称关键字。

2）构造查询条件：若用户只输入了商品类别，没有填写关键字，则查找该类别下所有商品。若用户没有选择商品类别，只输入了商品名称关键字，则查找商品名称中含有关键字的商品。若用户既选了类别，又输入了关键字，则在指定的类别下查找商品名称中含有关键字的商品。

3）从商品信息表中读取数据并保存到$result 中。用表格布局，输出商品图片、名字和价格。给图片定义超链接，带参数跳转到 detail.php，为购买商品做准备。

可以看出，search.php 与首页非常相似，下面只给出 search.php 的变化的部分，其他与 index.php 部分的内容相同。

```
<!doctype html>
<html>
<head>
<meta charset="utf-8">
<title>搜索商品</title>
 <link rel="shortcut icon" type="image/x-icon" href="images/logo.jpg"/>
 <link rel="stylesheet" type="text/css" href="./css/css1.css">
</head>
<body>
<div class="content"><!-- content 开始 -->
  <?php
    require "header.php";
   require "daohang.php";
   ?>
<div class="main"><!-- 商品展示开始 -->
<?php
 if(isset($_POST["sousuo"])){
   $searchname=$_POST["searchname"];
   $sptype=$_POST["sptype"];
   if(empty($searchname)){
   $sql="select * from sp where type=$sptype";
   }else if($sptype==0){
      $sql="select * from sp where name like '%$searchname%'";
      }else{ $sql="select * from sp where name like '%$searchname%'
```

```
and type=$sptype"; }
        //数据浏览
        include "conn.php";
    $result=mysqli_query($con,$sql);
    if(mysqli_num_rows($result)===0){
        echo "抱歉啊，没找到满足条件的商品！";
        }else{
        echo "<table border='0' cellspacing='20' class='showtable'>";
        ……（之后的内容与 index.php 相同）
```

任务 10.3 购物设计及实现

【任务描述】完成用户购物过程，让用户能够选购商品放入购物车，付款，查看买到的商品。

【任务分析】用户的购物过程主要分为以下子任务：查找到商品后，加入购物车，对购物车中的商品进行调整，然后付款，查看购买的商品。

■ 任务相关知识与实施

作为电商网站，用户的购物过程是核心内容。要求提供便利、准确的购物车，并且在购物车内能够调整购买商品数量、显示购物金额，确定购买的商品后，实现付款结算功能。客户的购物流程设计如图 10-13 所示。

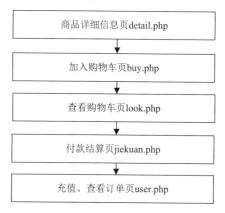

图 10-13 用户的购物流程设计

10.3.1 商品详细信息页 detail.php

当顾客单击首页中的商品图片链接后，将打开商品详细信息页 detail.php，其功能是显示商品细节给用户，并提供让用户购买的界面。商品详细信息页如图 10-14 所示。

1. 制作商品详细信息页 detail.php

制作思路如下：

1）展示要购买的商品信息。使用 DIV 进行左右布局，左边显示商品图片，右边显示商品名称等信息。左边的图片下方放置了提供给用户对商品进行评价的"给此物好评"

超链接。

2）右边在显示商品信息的同时，制作一个表单，让顾客能够通过增加数量按钮"+"和减少数量按钮"−"调整购买数量，"+"按钮和"−"按钮的功能通过 JavaScript 脚本实现。然后提交表单，用隐藏域传递购买商品的商品编号，加入商品到购物车。

3）编写表单提交后的脚本程序 buy.php，接收订单数据，把数据写入后台订单表。

图 10-14　商品详细信息页

detail.php 的完整源程序如下：

```php
<?php session_start(); ?>
<!doctype html>
<html>
<head>
<meta charset="utf-8">
<title>商品详细信息</title>
<link rel="shortcut icon" type="image/x-icon" href="images/logo.jpg"/>
<style>
  #left,#right{ float:left; margin-left:20px;}
</style>
<script>
function oper(t,money)
{
 value=t.value;
 num=parseInt(document.f1.num.value);
 if(value=='+')
 {
  num++;
  sum=num*money;
  document.f1.num.value=num;
  document.f1.sum.value=sum.toFixed(2);
 }
 if(value=='-')
```

```
      {
        if(num==1)
          alert('订购数量至少为1');
        else
          num--;
        sum=num*money;
        document.f1.num.value=num;
        document.f1.sum.value=sum.toFixed(2);
      }
    }
    </script>
    </head>

    <body>
     <?php
      if(isset($_GET["buyflag"])){  //判断是单击超链接后转进来
    // 1. 接收 URL 参数
        $spid=$_GET["spid"];
        $spname=$_GET["spname"];
        $price=$_GET["price"];
        $jianjie=$_GET["jianjie"];
        $shuliang=$_GET["shuliang"];
        $haoping=$_GET["haoping"];
        $picture="./images/".$_GET["picture"];
    ?>
    <div id='left'>
    <img src='<?php echo $picture ?>' width='400'><br/>
    <a href=haoping.php?id=<?php echo $spid?>>给此物好评</a>
    </div>
    <div id='right'>
    <?php echo "商品名称：$spname";
      echo "<br><br>";
      echo "商品描述：$jianjie";
      echo "<br><br>";
      echo "商品评价：";
        if($haoping>50) $haoping=50;
        $xing=ceil($haoping/10);
        $xing2=5-$xing;
        for($i=1;$i<=$xing;$i++)
        { echo "<img src=images/star.png width=20  alt='评价'>"; }
        for($i=1;$i<=$xing2;$i++)
        { echo "<img src=images/star2.jpg width=20  alt='评价'>";}
      echo "<br><br>";
      echo "单价：￥ $price";
      echo "<br><br>";
    ?>
    <form action="buy.php" method="post"  name="f1">
  购买数量：  
     <input type="button" name="enter" value='-' onclick='oper(this,
<?php echo $price;?>)'>
```

```
        <input type="text" name="num" readonly size=3 style='text-align:center'
value="1" required>
        <input type="button" name="enter" value='+' onclick='oper(this,
<?php echo $price;?>)'> 件
        <br>小计: <font color=#810213 size=5><b>¥</b></font>
        <input type=text name=sum style='border:0px;color:#810213;font-
size:23px;font-weight:bold;width:120px'             readonly value=<?php echo
$price;?>>
        <br>
    <input type="hidden" name="spid" value=<?php echo $spid;?> readonly
required><br>
    <p><input type="submit" value="加入购物车" name="goumai" required/>
    <br/><br/><a href="index.php">继续浏览商品</a>
    <a href="look.php">查看购物车</a>
    </form>
    <?php
        }else{
    header("location:index.php");}
    ?>
    </body>
    </html>
```

2. 好评 haoping.php

设置这项功能,主要实现用户能够对所购买的商品进行评价。当用户浏览商品时候,商品评价会以"星星"的形式出现在商品详细页的右边。当用户单击图 10-14 中的"给此物好评"链接后,出现 haoping.php。

haoping.php 的完整源程序如下:

```
<?php
if(isset($_GET["id"])){
$id=$_GET["id"];
include "conn.php";
$sql="update sp set haoping=haoping+1 where id='$id'";
mysqli_query($con,$sql);
 }
header("location:detail.php");
?>
```

10.3.2 加入购物车页面 buy.php

当用户单击了图 10-14 中的"加入购物车"按钮后,跳转到加入购物车页面 buy.php,该程序主要获取购买的商品信息,并把购买的商品编号、名称、数量以及购买时间写入到订单数据表中,由于该订单尚未付款,因此设置订单表的 flag=0。

```
<?php
//当已经登录,并且填写了订单
if(isset($_SESSION["uname"]) and isset($_POST["goumai"])){
// 1. 获取数据
    $spid=$_POST["spid"];
    $userid=$_SESSION["userid"];
    $buysl=$_POST["num"];
```

```
        $username=$_SESSION["uname"];
        //2. 写入数据到订单表
        include "conn.php";
        $ddate=date('Y-m-d H:i:s');
        $sql="insert into dingdan(sp_id,num,user,time,flag)values($spid,
$buysl,'$username','$ddate',0)";
        if(mysqli_query($con,$sql)) {
            echo "加入购物车成功<br>";
            echo "<a href='index.php'>继续购买商品</a><br/>";
            echo "<a href='look.php'>查看购物车</a>";
            }else{ echo mysqli_affected_rows($con);
            echo "出错了".$ddate;    }
        }else{ echo "您没有<a href='login.php'>登录</a>或者没有选择订单";}
    ?>
```

该程序的运行结果如图 10-15 所示。

图 10-15　加入购物车页

10.3.3　查看购物车页面 look.php

在购物流程中，顾客选购商品后就会进入查看购物车页面 look.php，如图 10-16 所示。在这个页面中，集中显示了当前用户放在购物车中的商品名称、商品图片、订购数量、单价和应付金额等信息。顾客可以根据这些信息重新调整购买数量或者取消购买某种商品，甚至清空购物车中的所有商品。

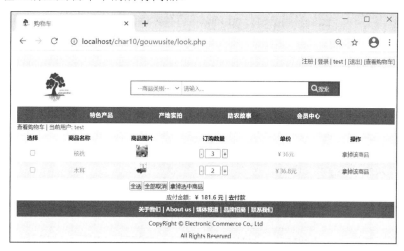

图 10-16　查看购物车页

购物车页面的设计制作思路如下。

1）显示购物车内容。从订单数据表 dingdan 中读取当前用户购买的 flag=0 的记录，以表格形式显示在页面上。在"订购数量"的两侧添加"+""-"按钮用来调整数量，在每条记录行的后面，添加"拿掉该商品"超链接，用于从购物车中移除商品。

显示完购物车中的商品信息后，在下面显示购物车中所有商品的应付金额。

2）给"+""-"按钮定义 onclick 事件代码，实现数量的调整。

3）定义"全选""全部取消""拿掉选中商品"按钮的 onclick 事件代码，实现对"选择"复选框的操作。

通过以上的设计，实现购物车信息显示并调整后，由于下一步要进行付款操作，因此购物车内容应放置在表单中，用于传递数据给付款程序。

look.php 的源程序如下：

```
<!doctype html>
<html>
<head>
<meta charset="utf-8">
<link rel="stylesheet" type="text/css" href="css/css1.css">
<link rel="shortcut icon" type="image/x-icon" href="images/logo.jpg"/>
<title>购物车</title>
<script language="javascript">
function openme(t)
{ t.style.background="#E6E6FA";
 t.style.color="#333333";
 t.style.cursor="hand";
}
function closeme(t)
{ t.style.background="#F0F0F0"; t.style.color="#888888";  }
function closeme1(t)
{ t.style.background="#FFFFFF";  t.style.color="#888888"; }
function select_all()
{
 n=document.f1.elements.length; //当前页面中所有控件的个数
 for(i=0;i<n;i++)
 {
  if(document.f1.elements[i].type=="checkbox")
  document.f1.elements[i].checked=true;
 }
}
function reset_all()
{
 n=document.f1.elements.length; //当前页面中所有控件的个数
 for(i=0;i<n;i++)
 {
  if(document.f1.elements[i].type=="checkbox")
  document.f1.elements[i].checked=false;
 }
}
function delete_all()
{
```

```
n=document.f1.elements.length; //当前页面中所有控件的个数
str="|";
for(i=0;i<n;i++)
{
 if(document.f1.elements[i].checked==true)
 {
  value=document.f1.elements[i].value;
  str=str+value+"|";
 }
}
if(str=="|")
 alert('请至少选择一种商品!');
else
 parent.top.window.location="look.php?str="+str;
}
function na()
{ return confirm('是否真的拿掉该商品?');}
function op(t,id)
{
 value=t.value; //按钮上显示的文字
 if(value=='+')  //带参数跳转,兼容Google、ie
 { parent.top.window.location="look.php?op=add&id="+id; }
 if(value=='-')
 { parent.top.window.location="look.php?op=sub&id="+id; }
}
</script>
</head>
<body>
<div class="content"><!-- content 开始 -->
  <!-- header 开始 -->
   <?php
      require "header.php";
     require "daohang.php";
    ?>
  <!-- header 结束 -->
  <div id="main1">  <!-- 内容开始 -->
     <?php
     if(isset($_SESSION["uname"]) ){ //当已经登录单
      echo "查看购物车 | 当前用户: ".$_SESSION['uname'];
     ?>
<form action="look.php" method="post" name="f1">
<table border="0" align="center" width="100%" cellspacing="0" style=
"line-height:35px">
<tr bgcolor=#FDF5E6>
 <th>选择</th>
 <th>商品名称</th>
 <th>商品图片</th>
 <th>订购数量</th>
 <th>单价</th>
 <th>操作</th>
```

```php
</tr>
<?php
include "conn.php";
$user=$_SESSION['uname'];

//处理"拿掉该商品"超链接删除
if(isset($_GET["id"]) && $_GET["op"]=="移除")
{
 $id=$_GET["id"];
 $sql="delete from dingdan where id=$id";
 if(mysqli_query($con,$sql)){
   echo "<script>alert('拿掉商品成功!')</script>";
  }else{
    echo "<script>alert('拿掉商品失败!')</script>";}
    echo "<script>location.href('look.php')</script>";
}

//处理增减按钮+、-操作
if(isset($_GET["op"]))
{
 $op=$_GET["op"];
 $id=$_GET["id"];
 $sql="select * from dingdan where id=$id";
 $result=mysqli_query($con,$sql)or die('error');
 $A=mysqli_fetch_array($result);
 if($op=="add")
 {  $A["num"]++;
  mysqli_query($con,"update dingdan set num=$A[num] where id=$id");
  }
 if($op=="sub")
  {
   if($A["num"]!=1)
   {   $A["num"]--;
   mysqli_query($con,"update dingdan set num=$A[num] where id=$id");
   }
  }
}
//处理"拿掉选中商品"按钮
if(isset($_GET["str"]))
{
 $str=$_GET["str"];
 $A=explode("|",$str);  //拆分
 for($i=0;$i<count($A);$i++){
  $sql="delete from dingdan where id=$A[$i]";
  mysqli_query($con,$sql);
  }
 echo "<script>alert('拿掉商品成功!')</script>";
 echo "<script>location.href('look.php')</script>";
}
//显示购物车
```

```php
    $sql="select dingdan.id as id,sp.name as name,sp.photo as photo,
dingdan.num as num,sp.money as money from sp,dingdan where sp.id=dingdan.sp_id
and dingdan.user='$user' and dingdan.flag=0";
    $result=mysqli_query($con,$sql);
    $n=mysqli_num_rows($result);
    if($n==0) echo "<br/>购物车是空的！";
    for($i=0;$i<$n;$i++)
    {
    if($i%2==1)
      echo "<tr align=center bgcolor=#F0F0F0 onmouseover='openme(this)'
onmouseout='closeme(this)'>";
      else
      echo "<tr align=center onmouseover='openme(this)' onmouseout='closeme1
(this)'>";
    $A=mysqli_fetch_array($result);
    echo "<td><input type=checkbox name=flag value=$A[id]></td>";
    echo "<td>$A[name]</td>";
    echo "<td><img src=images/$A[photo] width=30 height=30></td>";
    $bianhao=$A["id"];
    echo "<td><input type=button name=enter value='-' onclick='op(this,
$A[id])'>
    <input type=text name=num{$bianhao} readonly size=3 style='text-
align:center' value=$A[num]>
    <input type=button name=enter value='+' onclick='op(this,$A[id])'>
</td>";
    echo "<td>￥$A[money]元</td>";
    echo "<td><a href=look.php?op=移除&id=$A[id] onclick='return na()'>
拿掉该商品</a></td>";
    echo "</tr>";
    }
    ?>
    <tr align="center">
    <td colspan="5">
    <input type="button" name="enter" value="全选" onclick="select_
all()">
    <input type="button" name="enter" value="全部取消" onclick="reset_
all()">
    <input type="button" name="enter" value="拿掉选中商品" onclick="delete_
all()">
    </td>
    </tr>
    </table>
    <center>应付金额: <b><font color=#FF0000>￥
    <?php
    $sql="select sp.money as money,dingdan.num as num from sp,dingdan
where sp.id=dingdan.sp_id and dingdan.user='$user' and dingdan.flag=0";
    $result=mysqli_query($con,$sql);
    $n=mysqli_num_rows($result);
    $sum=0;
    for($i=0;$i<$n;$i++)
```

```
    {
    $A=mysqli_fetch_array($result);
    $t=$A["money"]*$A["num"];
    $sum+=$t;
    }
    echo $sum." 元";
    echo " | <a href=jiekuan.php>去付款</a>";
?>
</form>
<?php
//若用户没有登录
}else{ echo "您没有<a href='login.php'>登录</a>";}
?>
</div><!-- 内容结束 -->
<?php include "footer.php"; ?>
</div>
</body>
</html>
```

10.3.4 付款结账页 jiekuan.php

当用户在购物车中单击"去付款",就跳转到结账页 jiekuan.php,如图 10-17 所示。在这个页面中,显示了当前用户放在购物车中的商品名称、商品图片、订购数量、单价、小计和应付金额等信息。顾客可以根据这些信息进行付款操作。这里提供了"现金结款"和"卡中扣除"两种付款方式。

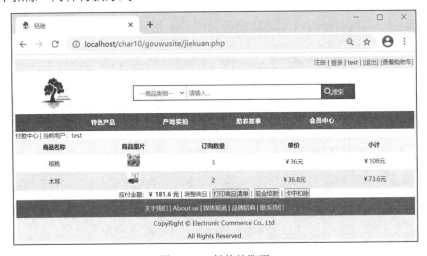

图 10-17　付款结账页

付款页面的设计制作思路如下。

1)显示购物车内容。判断用户已经登录,从订单数据表 dingdan 中读取当前用户购买的未支付的商品记录,即 flag=0,以表格形式显示在页面上。在每条商品记录的后面显示出该商品应付金额小计。显示完购物车中的商品信息后,计算统计所有商品的应付金额。若要对付款的商品进行删减,可以单击"调整商品"转到查看购物车页面。

2)定义"现金结款"按钮的 onclick 事件代码,用 JavaScript 实现。

3）定义"打印商品清单"按钮的 onclick 事件代码，用 JavaScript 实现。

4）单击"卡中扣除"按钮，从用户账号中扣除货款。实现思路：到数据库中用户信息表 usertable 中查询该用户的余额，若余额大于或者等于应付金额，则直接付款，用 update 命令修改当前用户的余额和积分，同时把 dingdan 数据表中这些订单的 flag 修改为 1，表示已经支付。若查询到的用户余额不够付款，则转到用户中心 user.php 进行充值后，再付款。

jiekuan.php 的源程序如下：

```
<!doctype html>
<html>
<head>
<meta charset="utf-8">
<title>结账</title>
<link rel="stylesheet" type="text/css" href="css/css1.css">
<link rel="shortcut icon" type="image/x-icon" href="images/logo.jpg"/>
  <script language="javascript">
    function pay_money()
    {   alert('交钱走人！');  }
  </script>
</head>


<body>
<div class="content"><!-- content 开始 -->
 <!-- header 开始 -->
  <?php require "header.php";
      require "daohang.php";
  ?>
  <!-- header 结束 -->
  <?php
   if(isset($_SESSION["uname"]) ){ //当已经登录单
      echo "付款中心 | 当前用户: ".$_SESSION['uname'];
?>
<form action="jiekuan.php" method="post" name="f1">
<table border=0 align=center width=100% cellspacing=0 bordercolordark=
#9CC7EF cellpadding=4 style="line-height:35px">
<tr bgcolor=#FDF5E6>
 <th>商品名称</th>
 <th>商品图片</th>
 <th>订购数量</th>
 <th>单价</th>
 <th>小计</th>
</tr>
<?php
require "conn.php";
$user=$_SESSION["uname"];
$sql="select dingdan.id as id,sp.name as name,sp.photo as photo,
dingdan.num as num,sp.money as money from sp,dingdan where sp.id=dingdan.sp_id
and dingdan.user='$user' and dingdan.flag=0";
$result=mysqli_query($con,$sql);
```

```
      $n=mysqli_num_rows($result);
      for($i=0;$i<$n;$i++)
      {
       if($i%2==1)
       { echo "<tr align=center bgcolor=#F0F0F0 onmouseover='openme(this)'
onmouseout='closeme(this)'>"; }
       else{
          echo "<tr align=center onmouseover='openme(this)' onmouseout='closeme1
(this)'>"; }
      $A=mysqli_fetch_array($result);
      echo "<td>$A[name]</td>";
      echo "<td><img src=images/$A[photo] width=30 height=30></td>";
      $bianhao=$A["id"];
      echo "<td>$A[num]</td>";
      echo "<td>¥$A[money]元</td>";
      echo "<td>¥".$A["num"]*$A["money"]."元</td>";
      echo "</tr>";
      }
      ?>
      </table>
      <center>应付金额：<b><font color=#FF0000>¥
      <?php
      $sql="select sp.money as money,dingdan.num as num from sp,dingdan
where sp.id=dingdan.sp_id and dingdan.user='$user' and dingdan.flag=0";
      $result=mysqli_query($con,$sql);
      $n=mysqli_num_rows($result);
      $sum=0;
      for($i=0;$i<$n;$i++)
      {
       $A=mysqli_fetch_array($result);
       $t=$A["money"]*$A["num"];
       $sum+=$t;
      }
      echo $sum." 元</font></b>";
      echo " | <a href=look.php>调整商品</a>";
      echo " | <input type=button name=enter value=打印商品清单 onclick=
'window.print()'>";
      echo " | <input type=button name=enter value=现金结款 onclick='pay_
money()'>";
      echo " | <input type=submit name=enter value=卡中扣除>";
      ?>
      </form>
      <?php
      if(isset($_POST["enter"])){   //若选择付款方式是"卡中扣除"
      if($_POST["enter"]=="卡中扣除")
      {
       $user=$_SESSION["uname"];
       $sql="select * from usertable where username='$user'";
       $result=mysqli_query($con,$sql);
       $A=mysqli_fetch_assoc($result);
```

```
$money=$A["money"];        // 用户原有余额
$fen=$A["jifen"];          //原有的积分
if($sum<=$money)
{
 $yuer=$money-$sum;
 echo $yuer;
 $fen=$fen+$sum;            //每1元积1分
 $sql="update usertable set money=$yuer where username='$user'";
 if(mysqli_query($con,$sql))
 {
  echo "<script>alert('付款成功!')</script>";
  mysqli_query($con,"update dingdan set flag=1 where user='$user'");
  mysqli_query($con,"update usertable set jifen=$fen where username=
'$user'");
  header("refresh:0;url=user.php");   //刷新
 }
 else {
  echo "<script>alert('付款失败!')</script>";
 }
} else {
 echo "<script>alert('您的账户余额不足,请充值后再付款!')</script>";
 header("refresh:0;url=user.php");   //延迟跳转到充值页
 }
 }
 }
}else{ echo "您没有<a href='login.php'>登录</a>";}
?>
<?php include "footer.php"; ?>
</div>
</body>
</html>
```

10.3.5　充值及查看订单页 user.php

完成付款后，用户可以到会员中心 user.php 查看买到的商品信息，如图 10-18 所示，在这个页面中，按时间顺序显示了当前用户购物历史记录，还可以查看账户余额，给账户充值，查看账户积分。

会员中心的设计制作思路如下。

（1）查看购物历史记录

判断用户已经登录，从订单信息数据表 dingdan 中查询当前用户所有已经付款（即 flag=1）的订单，以表格形式显示在页面上，包括商品名称、商品图片、订购数量、单价、购买时间，其中的商品名称、图片、单价来自于商品信息数据表 sp。

（2）账户充值

先到数据库的用户信息表 usertable 中查询该用户的余额和积分，显示输出。然后获取用户在表单中填写的充值金额，用 JavaScript 检查用户输入的数据符合要求后，修改 usertable 数据表中的该用户账户的余额为原来的余额加上充值金额。

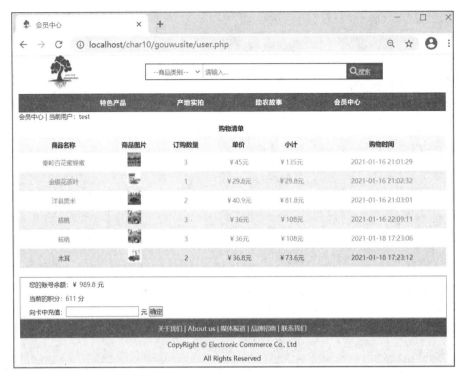

图 10-18　会员中心

user.php 的源代码如下：

```
<!doctype html>
<html>
<head>
<meta charset="utf-8">
<title>会员中心</title>
<link rel="shortcut icon" type="image/x-icon" href="images/logo.jpg"/>
<link rel="stylesheet" type="text/css" href="css/css1.css">
<script language="javascript">
function openme(t)
{
 t.style.background="#E6E6FA";
 t.style.color="#333333";
 t.style.cursor="hand";
}
function closeme(t)
{
 t.style.background="#F0F0F0";
 t.style.color="#888888";
}
function closeme1(t)
{
 t.style.background="#FFFFFF";
 t.style.color="#888888";
}
function check()
```

```
    {
     if(document.f1.m.value=="")
     {
      alert('您的充值不能为空');
      document.f1.m.focus();
      return false;
     }
     else
     {
      m=document.f1.m.value; //得到 tel 的值
      m_good=m.match(/\b(^[1-9][0-9]*$)\b/gi);
      if(!m_good)
      {
       alert('您输入的金额格式不合法!');
       document.f1.m.value="";
       document.f1.m.focus();
       return false;
      }
     }
    }
    </script>
    </head>
    <body>
    <div class="content"><!-- content 开始 -->
     <!-- header 开始 -->
     <?php require "header.php";
        require "daohang.php";
     ?>
     <!-- header 结束 -->
     <?php
      if(isset($_SESSION["uname"])){   //当已经登录单
        echo "会员中心 | 当前用户: ".$_SESSION['uname'];
     ?>
    <form action="user.php" method="post" name="f1">
    <table border=0 align=center width=100% cellspacing=0 cellpadding=4
bordercolorlight=#145AA0 style="line-height:35px">
    <caption><b>购物清单</b></caption>
    <tr bgcolor=#FDF5E6>
     <th>商品名称</th>
     <th>商品图片</th>
     <th>订购数量</th>
     <th>单价</th>
     <th>小计</th>
     <th>购物时间</th>
    </tr>
    <?php
    require "conn.php";
    $user=$_SESSION["uname"];
    $sql="select dingdan.id as id,sp.name as name,sp.photo as photo,
dingdan.num as num,sp.money as money,dingdan.time as time from sp,dingdan
```

```
where sp.id=dingdan.sp_id and dingdan.user='$user' and dingdan.flag=1";
    //历史记录非空，输出
    $result=mysqli_query($con,$sql);
    $n=mysqli_num_rows($result);
    if($n!==0){
    $sum=0;
    for($i=0;$i<$n;$i++)
    {
    if($i%2==1)
        echo "<tr align=center bgcolor=#F0F0F0 onmouseover='openme(this)'
onmouseout='closeme(this)'>";
        else
        echo "<tr align=center onmouseover='openme(this)' onmouseout='closeme1
(this)'>";
    $A=mysqli_fetch_array($result);  // var_dump($A);
    echo "<td>$A[name]</td>";
    echo "<td><img src=images/$A[photo] width=30 height=30></td>";
    $bianhao=$A["id"];
    echo "<td>$A[num]</td>";
    echo "<td>￥$A[money]元</td>";
    $t=$A["num"]*$A["money"];
    echo "<td>￥".$t."元</td>";
    echo "<td>$A[time]</td>";
    echo "</tr>";
    $sum+=$t;
    }
    }else{echo "您没有购物记录！";}
    ?>
    </table>
    <?php
    //充值
    if(isset($_POST["enter"]))
    {
    $user=$_SESSION['uname'];
    $m=$_POST["m"];
    $sql="select * from usertable where username='$user'";
    $result=mysqli_query($con,$sql);
    $A=mysqli_fetch_array($result);
    $current=$m+$A["money"];
    $sql="update usertable set money=$current where username='$user'";
    if(mysqli_query($con,$sql)){
        echo "<script>alert('充值成功!')</script>";
    }else{  echo "<script>alert('充值失败!')</script>";
    }
    }
    //查询余额
    $sql="select * from usertable where username='$user'";
    $result=mysqli_query($con,$sql);
    $A=mysqli_fetch_array($result);
    echo "<div id='chongzhi'>您的账号余额：￥ <font color=#f00>".$A
```

```
["money"]."</font> 元<br>";
       echo "当前的积分: <font color=#f00>".$A["jifen"]."</font> 分<br>";
       echo "向卡中充值: <input type=text name=m> 元 ";
       echo "<input type=submit name=enter value= 确定 onclick='return
check()'></div>";
       ?>
   </form>
   <?php }else{ echo "您没有<a href='login.php'>登录</a>";}
     include "footer.php"; ?>
   </div>
   </body>
   </html>
```

至此，"电商助农"网站的购物环节全部实现。

任务 10.4　后台管理页面设计及实现

【任务描述】完成网站的后台管理，让管理员用户能够通过 Web 管理网站中的商品数据、用户数据。

【任务分析】管理员用户对网站运行过程中产生的数据进行管理。商品类别管理分为商品类别添加、修改和删除。商品管理分为商品信息添加、修改和删除。用户管理包括用户信息查找和删除。

在实现这些功能时，要检查用户的身份，必须是管理员用户才可以进行操作。可以使用条件：isset($_SESSION["uname"]) and $_SESSION["flag"]==1，来判断用户身份。

■ 任务相关知识与实施

10.4.1　后台管理首页 adminindex.php

网站后台管理首页是整个网站后台管理入口。当用户以管理员身份登录后，会出现如图 10-19 所示的后台管理页 adminindex.php，管理员可以进行商品添加、修改、删除、用户管理、商品类别添加、商品类别管理等操作。

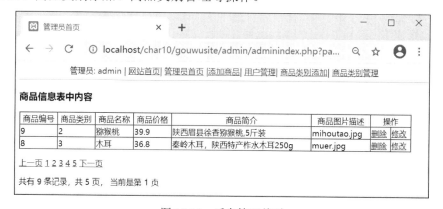

图 10-19　后台管理首页

管理首页制作思路：在这个网页上，以分页浏览的方式查看商品信息数据表 sp 中的全部记录，并在每条记录后面提供修改和删除超链接，同时传递记录的商品编号。

adminindex.php 的源程序如下：

```
<!DOCTYPE html>
<html>
 <head>
 <meta charset="utf-8">
 <title>管理员首页</title>
   <script>
     function na()
     { return confirm('是否真的拿掉该商品?');}
   </script>
</head>
<body>
<?php
//管理员首页，程序名：adminindex.php
 session_start();
 if(isset($_SESSION["uname"]) and $_SESSION["flag"]==1 ){
   echo "<center>管理员:<font color=#f00> ".$_SESSION['uname']."
</font>|
       <a href='../index.php'>网站首页</a>| <a href='adminindex.php'>管
理员首页</a>";
   ?>
 <a href="insertform.php">|添加商品</a>|
 <a href="user_man.php">用户管理</a>|
 <a href="type_add.php">商品类别添加</a>|
 <a href="type_man.php">商品类别管理</a></center><hr/>
 <?php
  $page_size=2;    //设置每页显示的记录数为2
   //取得用户访问的页码
  if(isset($_GET["page_current"])){
     $page_current=$_GET["page_current"];
  }else{$page_current=1;  }
   //计算当前页上要显示的第一条记录
  $start=($page_current-1)*$page_size;
   //连接数据库
   include "../conn.php";
   //取总记录数
  $sql1="select * from sp";
  $results=mysqli_query($con,$sql1);
  $results_num=mysqli_num_rows($results);
   //取当前页中的记录数据并输出
  $sql="select * from sp order by id desc limit $start,$page_size";
  $results=mysqli_query($con,$sql);
  if($results_num>0){
   echo "<h3>商品信息表中内容</h3>";
   echo "<table border='1' width='800' cellspacing='0' >";
  echo "<tr align='center'>";
  echo "<td>商品编号</td>";
  echo "<td>商品类别</td>";
  echo "<td>商品名称</td>";
```

```
echo "<td>商品价格</td>";
echo "<td>商品简介</td>";
echo "<td>商品图片描述</td>";
echo "<td colspan=2>操作 </td>";
//echo "<td> </td>";
echo "</tr>";
 while($cur_sp=mysqli_fetch_array($results))
 {
    echo "<tr>";
echo "<td>$cur_sp[id]</td>";
echo "<td>$cur_sp[type]</td>";
echo "<td>$cur_sp[name]</td>";
echo "<td>$cur_sp[money]</td>";
echo "<td>$cur_sp[content]</td>";
echo "<td>$cur_sp[photo]</td>";
echo "<td><a href='delete.php?id=$cur_sp[id]&photo=$cur_sp[photo]'
onclick='return na()'>删除</a></td>";
echo "<td><a href='update.php?id=$cur_sp[id]'>修改</a></td>";
echo "</tr>";
    }
 echo "</table>";
 }
 else{
 echo "查询结果为空！";
 }
 $pages=ceil($results_num/$page_size);      //计算总页数
 //设置分页导航条
 $page_previous=($page_current<=1)?1:$page_current-1;
 echo "<p><a href='adminindex.php?page_current=$page_previous'>上一
页</a> ";
 for($i=1;$i<=$pages;$i++){ //输出页号
    echo "<a href='adminindex.php?page_current=$i'>$i</a> ";
 }
 $page_end=($page_current>=$pages)?$pages:$page_current+1;
 echo "<a href='adminindex.php?page_current=$page_end'>下一页</a>
 ";
 echo "<p>共有 $results_num 条记录，共 $pages 页， ";
 echo "当前是第 $page_current 页 <p> ";
 //关闭连接
 mysqli_free_result($results);
 mysqli_close($con);
 }else{
    echo "<script>alert('您没有操作权限');</script>";
    header("location:../index.php");
 }
?>
</body>
</html>
```

10.4.2 商品类别管理

类别管理模块主要用于管理商品的分类，可以对商品类别进行添加、修改和删除操作。下面对商品类别管理模块所涉及的程序分别进行介绍。

1. 添加商品类别 type_add.php

单击管理员首页的"商品类别添加"，出现添加商品类别 type_add.php，如图 10-20 所示。当输入类别名称后，将其添加到商品类别信息表 type 中，同时使用 JavaScript 验证，保证输入的类别内容不能为空。

图 10-20 添加类别

type_add.php 的源程序如下：

```php
<?php
 session_start();
 if(isset($_SESSION["uname"]) and $_SESSION["flag"]==1 ){
 echo "管理员:<font color=#f00> ".$_SESSION['uname']." </font>|  <a
href='../index.php'>网站首页</a>|  <a  href='adminindex.php'>管理员首页
</a><hr/>";
    ?>
<form action="type_add".php method="post" name="f">
<table border="0" >
<tr><td>类别名称: </td>
<td><input type=text name=name size=50 required>
<input type=submit name=enter value=确定 onclick="return check()">
</td></tr></table>
</form>
<script language="javascript">
function check()
{if(document.f.name.value=="")
   { alert('商品类别名称不能为空!');
     document.f.name.focus();
     return false;
   }
}
</script>
<?php
include "../conn.php";
if(isset($_POST["enter"])){
   $name=$_POST["name"];
   $sql="insert into  type(name) values('$name')";
   if(mysqli_query($con,$sql))
   { echo "<script>alert('添加类别成功!')</script>";
```

```
        echo "<script>window.location.href='type_man.php';</script>";
      }
      else
      { echo "<script>alert('添加类别失败!')</script>";
        echo "<script>window.location.href='type_man.php';</script>";
      }
    }
  }else{
      echo "<script>alert('您没有操作权限');</script>";
      header("location:../index.php");
  }
?>
```

2. 类别管理 type_man.php

单击管理员首页的"商品类别管理"，出现添加商品类别 type_man.php，如图 10-21 所示。在这个页面中，实现了如下三项功能：

1）从商品类别信息表中查询所有记录，并以分页显示形式展示商品类别编号和类别名称。

2）在每行类别后面提供"修改"超链接，可跳转到修改页，对商品类别名称进行修改。

3）从商品类别信息表中删除商品类别。可以使用每行后面的"删除"超链接完成，也可以使用"全部删除"按钮删除。通过按钮方式删除时，可以使用 JavaScript 技术控制"选择"复选框配合完成删除操作。

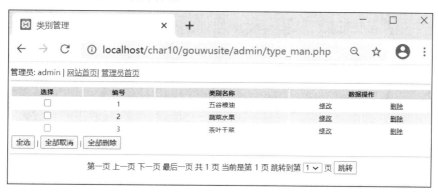

图 10-21　商品类别管理

type_man.php 的源程序如下：

```
<!doctype html>
<html>
<head>
<meta charset="utf-8">
<title>类别管理</title>
<script language="javascript">
function del()
{ return confirm('是否真的删除吗?'); }
function openme(t)
{ t.style.background="#0663A8";
  t.style.color="#FFFFFF";
```

```
        t.style.cursor="hand";
    }
    function closeme(t)
    {  t.style.background="#FFFFFF";
       t.style.color="#000000";
    }
    function closeme1(t)
    {  t.style.background="#EAEAEA";
       t.style.color="#000000";
    }
    function select_all()
    {  n=document.f.elements.length;  //当前页面中所有控件的个数
       for(i=0;i<n;i++)
       {  if(document.f.elements[i].type=="checkbox")
          {  document.f.elements[i].checked=true;  }
       }
    }
    function reset_all()
    {
       n=document.f.elements.length;  //当前页面中所有控件的个数
       for(i=0;i<n;i++)
       {  if(document.f.elements[i].type=="checkbox")
          {  document.f.elements[i].checked=false;  }
       }
    }
    function delete_all()
    {  n=document.f.elements.length;  //当前页面中所有控件的个数
       str="";
       for(i=0;i<n;i++)
       {  if(document.f.elements[i].checked==true)
          {  value=document.f.elements[i].value;
             str=str+value+"|";
          }
       }
       if(str=="")
          alert('请至少选择一项!');
       else
           parent.top.window.location="type_man.php?str="+str;
    }
</script>
</head>
<body style="font-size:14px">
<?php
 session_start();
 if(isset($_SESSION["uname"]) and $_SESSION["flag"]==1 ){
    echo "管理员:<font color=#f00> ".$_SESSION['uname']." </font>|
    <a href='../index.php'>网站首页</a>| <a href='adminindex.php'>管理员
首页</a><hr/>";
    include "../conn.php";
  //按钮删除
```

```php
if(isset($_GET["str"]))
{   $str=$_GET["str"];
    $A=explode("|",$str);
    for($i=0;$i<count($A);$i++)
    {   $sql="delete from  type where id=$A[$i]";
        mysqli_query($con,$sql);
    }
    echo "<script>location.href('type_man.php')</script>";
}
//超链接删除
if(isset($_GET["id"]))
{   $id=$_GET["id"];
    $sql="delete from  type where id=$id";
    if(mysqli_query($con,$sql))
    {   echo "<script>alert('删除成功!')</script>";
        echo "<script>location.href('type_man.php')</script>";
    }else{  echo "<script>alert('删除失败!')</script>"; }
}
?>
<form action=type_man.php method=get name=f>
<?php
//分页显示
$sql="select * from type";
$result=mysqli_query($con,$sql);
$n=mysqli_num_rows($result); //总的记录条数
$count=10; //每页显示的条数
$num=ceil($n/$count); //总页数，ceil 函数自动进位小数
if(!isset($_GET["pagenum"]) || $_GET["pagenum"]==0)
 $pagenum=1; //每当第一次执行这个页面时，都是从第一页开始显示
else
 $pagenum=$_GET["pagenum"];
$start=($pagenum-1)*$count; //每页的起始索引
$sql="select id as '编号',name as '类别名称' from type limit $start,
$count;";
$result=mysqli_query($con,$sql);
$n=mysqli_num_rows($result); //当前的记录条数
$m=mysqli_num_fields($result); //结果集的字段个数
echo "<table border=0 width=100% align=center style='font-size:12px'>";
echo "<tr bgcolor=#C7D7E7>";
echo "<th>选择</th>";
for($i=0;$i<$m;$i++)
{
    $field= mysqli_fetch_field_direct($result,$i);
    echo "<th>".$field->name."</th>";
}
echo "<th colspan=2>数据操作</th>";
echo "</tr>";
for($i=0;$i<$n;$i++)
{   if($i%2==1)
        echo "<tr align=center bgcolor=#EAEAEA onmouseover='openme(this)'
```

```
onmouseout='closeme1(this)'>";
        else
          echo "<tr align=center onmouseover='openme(this)' onmouseout='closeme
(this)'>";
        $A=mysqli_fetch_row($result); //得到一个索引数组
        echo "<td><input type=checkbox name=op value=$A[0]></td>";
        for($j=0;$j<count($A);$j++)
        { echo "<td>".$A[$j]."</td>";}
        echo "<td><a href=type_view.php?id=$A[0]>修改</a></td>";
        echo "<td><a href=type_man.php?id=$A[0] onclick='return del()'>删
除</a></td>";
        echo "</tr>";
      }
      echo "<tr>";
      echo "<td colspan=12>";
      echo "<input type=button name=enter value=全选  onclick='select_
all()'> | ";
      echo "<input type=button name=enter value=全部取消 onclick='reset_
all()'> | ";
      echo "<input type=button name=enter value=全部删除 onclick='delete_
all()'>";
      echo "</td></tr></table>";
      echo "<hr><center>";
      if($pagenum!=1) //如果不在第一页，输出一个到第1页的链接
        {echo "<a href=type_man.php?pagenum=1>第一页</a>\t";}
      else{ echo "第一页\t";}
      if($pagenum>1)
        {echo "<a href=type_man.php?pagenum=".($pagenum-1).">上一页</a>\t";}
      else{ echo "上一页\t";}
      if($pagenum<$num)
        {echo "<a href=type_man.php?pagenum=".($pagenum+1).">下一页</a>\t";}
      else{echo "下一页\t";}
      if($pagenum!=$num)
        {echo "<a href=type_man.php?pagenum=$num>最后一页</a>\t";}
      else{echo "最后一页\t";}
      echo "共 ".$num." 页\t";
      echo "当前是第 ".$pagenum." 页\t";
      echo "跳转到第 ";
      echo "<select name=pagenum>";
      for($i=1;$i<=$num;$i++)
      { echo "<option value=$i>$i</option>";}
      echo "</select>";
      echo " 页";
      echo " <input type=submit name=enter value=跳转>";
      ?>
      </form>
      <?php
       }else{
        echo "<script>alert('您没有操作权限');</script>";
        header("location:../index.php");
```

```
    }
?>
</body>
</html>
```

3. 修改商品类别 type_view.php

当用户单击了商品类别管理的"修改"超链接后，会出现商品类别修改 type_view.php，如图 10-22 所示。

图 10-22　商品类别修改

制作思路：程序获取从类别管理页面传递过来的 URL 参数，即类别编号 id，到 type 数据表中查找该 id 对应的记录，把类别名称显示在文本框中，等用户修改完后提交表单，再获取文本框中的内容去更新 type 表中对应的记录。

商品类别修改 type_view.php 的源程序如下：

```php
<!doctype html>
<html>
<head>
<meta charset="utf-8">
<title>查看类别</title>
<script language="javascript">
function check()
{   if(document.f.name.value.length==0)
    {   alert('类别名称不能为空!');
        document.f.name.focus();
        return false;
    }else{
    return true;}
}
</script>
</head>
<body style="font-size:14px">
<?php
session_start();
if(isset($_SESSION["uname"]) and $_SESSION["flag"]==1 ){
  echo "管理员:<font color=#f00> ".$_SESSION['uname']." </font>|
  <a href='../index.php'>网站首页</a>| <a href='adminindex.php'>管理员
首页</a><hr/>";
    if(isset($_GET["id"])){ //获取 URL 参数
    include "../conn.php";
    $id=$_GET["id"];
```

```php
 $sql="select * from  type where id=$id";
 $result=mysqli_query($con,$sql);
 $A=mysqli_fetch_array($result);
?>
<form action='type_view.php' method='post' name='f'>
<input type='hidden' name='id' value='<?php echo $id ?>'>
<table border=0 style="font-size:12px">
<tr><td>类别名称: </td>
<td><input type="text" name="name" size="50"  value="<?php echo
$A['name']; ?>" >
    <input type="submit" name="queding" value="确认修改" onclick="return
check()"> |
      <input type="button" name="enter" value="返回" onclick="window.
location.href='type_man.php';"></td>
  </tr>
  </table>
  </form>
  <?php
  }
  if(isset($_POST["queding"]))
  {  include "../conn.php";
     $id=$_POST["id"];
     $name=$_POST["name"];
     $sql="update  type set name='$name' where id=$id";
     if(mysqli_query($con,$sql))
     { echo "<script>alert('修改类别成功!')</script>";
         header("refresh:1;url=type_man.php");
     }else
     { echo "<script>alert('修改类别失败!')</script>";
         header("refresh:1;url=type_man.php");
     }
  }
  }else{
     echo "<script>alert('您没有操作权限');</script>";
     header("location:../index.php");
   }
  ?>
  </body>
  </html>
```

10.4.3　商品信息管理

1. 添加商品 insertform.php

添加商品页如图 10-23 所示。在这个网页上，使用表单的下拉列表控件 select，让用户选择商品类别，其值来源于数据库商品类别数据表 type。然后把表单上新添加的商品信息写入数据库的商品信息数据表中，把商品图片保存在网站根目录下的 images 文件夹中。

图 10-23　添加商品页

insertform.php 源程序如下：

```php
<?php
session_start();
if(isset($_SESSION["uname"]) and $_SESSION["flag"]==1 ){ //当已经登录单
    echo "管理员:<font color=#f00> ".$_SESSION['uname']." </font>| <a
href='../index.php'>网站首页</a>|
    <a href='adminindex.php'>管理员首页</a><hr/>";
//添加商品到数据库
if(isset($_POST["tijiao"])){
 if($_FILES["photo"]["error"]==0){
  if($_FILES['photo']['type']==="image/jpg" or $_FILES['photo']['type']
==="image/jpeg")
    { //定义图片存放目录
    $imgdir="../images";
    if(!is_dir($imgdir)){mkdir($imgdir);}
    //移动图片
    $filename=$_FILES['photo']['name'];
    move_uploaded_file($_FILE3['photo']['tmp_name'],"{$imgdir}/".$filename);
    //向 sp_info 表中写入数据
    $sptype=$_POST["sptype"];
    $pname=$_POST["pname"];
    $pprice=$_POST["pprice"];
    $pnum=$_POST["num"];
    $pjianjie=$_POST["pjianjie"];
    $ptp=$filename;
    include "../conn.php";
    $sql="insert into sp(type,name,num,money,content,photo) values
($sptype,'$pname',$pnum,$pprice,'$pjianjie','$ptp')";
    if(mysqli_query($con,$sql)){ echo "商品添加成功！";  echo "<a
href='adminindex.php'>管理员首页</a>";}
    else{ echo "商品添加出错！请重新填写！";}
    }else{echo "图片格式不对，要求是.jpg 类型，请重新填写！"; }
  }else{  echo "图片上传出错，请重新填写！"; }
}else{
?>
```

```
<form action="insertform.php" method="post" enctype="multipart/form-data">
商品添加页 <p>
商品类别：<select name="sptype">
<?php
 include "../conn.php";
 $sql="select * from type";
 $result=mysqli_query($con,$sql);
 $n=mysqli_num_rows($result);
 for($i=0;$i<$n;$i++)
   {
   $type=mysqli_fetch_array($result);
   echo "<option value='$type[id]'>".$type['name']."</option>";
   }
 ?>
 </select><p>
商品名称：<input name="pname" type="text" required/><p>
商品价格：<input name="pprice" type="number" min="0" step="0.01"
required/><p>
商品数量：<input name="num" type="number" min="0" step="1" required/><p>
商品介绍：<textarea rows="3" cols="20" name="pjianjie"></textarea><p>
 <input type="hidden" name="MAX_FILE_SIZE" value="102400">
商品图片：(.jpg 类型,不超过 100KB)
 <input type="file" name="photo" size="25" maxlength="100" /> <p>
 <input name="tijiao" type="submit" value="添加"/>
</form>
<?php
}
}else{
 echo "<script>alert('您没有操作权限');</script>";
 header("location:../index.php");
 }
?>
```

2. 删除商品

在管理员首页上，单击商品记录后的"删除"超链接，出现如图 10-24 所示的删除对话框，单击"确定"按钮后，程序转向 delete.php，从 sp 数据表中删除相应的记录。

图 10-24　删除商品

制作思路：获取从管理员首页通过超链接传递过来的 URL 参数，即要删除商品的

商品编号，到 sp 数据表中执行 delete 语句，删掉对应的商品记录。同时，使用 unlink()
函数删除该商品图片。

delete.php 源程序如下：

```php
<?php
session_start();
if(isset($_SESSION["uname"]) and $_SESSION["flag"]==1)
{
    echo "管理员:<font color=#f00> ".$_SESSION['uname']." </font>| <a
href='../index.php'>网站首页</a>|
    <a href='adminindex.php'>管理员首页</a><hr/><hr/>";
    if(!isset($_GET["id"])){ echo "出错了，返回<a href='adminindex.php'>
管理页面</a>";exit();}
    //取得要删除的商品的编号
    $myid=$_GET["id"];
    $getfile=$_GET["photo"];
    include "../conn.php";
    $sql="delete from sp where id=$myid";
    if(mysqli_query($con,$sql))
    {
      echo "删除成功，返回<a href='adminindex.php'>管理页面</a>";
    //unlink() 函数用于删除文件。若成功，则返回 true，失败则返回 false
      $file="../images/".$getfile;
      if(file_exists($file)){ unlink($file); }  //删除商品图片
    }else{ echo "删除出错了，返回<a href='adminindex.php'>管理页面</a>";}
    }else{
      echo "<script>alert('您没有操作权限');</script>";
      header("location:../index.php");
    }
?>
```

该程序执行完毕后，不仅从商品信息数据表中删除了对应记录，还从 images 文件
夹中删除了商品图片。

商品信息的修改功能实现过程与删除功能实现过程相似，限于篇幅，不再给出详细
参考代码。读者可以参考本书的配套资料学习。

10.4.4　用户管理

在网站后台管理中，用户管理模块主要由网站管理员对网站会员进行管理，如
图 10-25 所示。管理员可以查看网站的注册会员信息，也可以删除会员。

这个网页的制作思路描述如下：

1）从用户信息表 usertable 中查询所有记录，并分页显示用户编号、用户名、用户
密码、密码提示问题、答案、手机号、地址、用户类型和用户积分。

2）在每行用户信息后面提供"查看用户信息"超链接，跳转到查看用户信息页，
如图 10-26 所示。

3）从用户信息表 usertable 中删除指定用户。可以使用每行后面的"删除"超链接
删除，也可以使用"全部删除"按钮删除。通过按钮方式删除时，可以使用 JavaScript
技术控制"选择"复选框配合完成删除操作。

图 10-25　用户管理

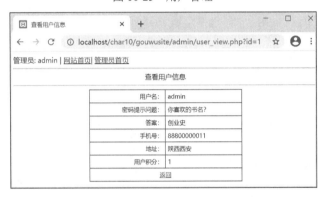

图 10-26　查看用户信息

　　用户管理模块的编程思想与前面所讲的类别管理编程思想非常相似，这里不再给出详细参考代码。读者可以参考本书的配套资料学习。

　　至此，"电商助农"网站的后台管理全部完成。管理员完成管理操作后，通过网站首页的"退出"功能可以安全退出。

　　通过以上内容的学习，"电商助农"网站的主要任务已经完成。网站的"产地实拍"和"助农故事"这两个栏目，主要展示了商品产地信息和电商助农故事，这里不再列出。该网站在局域网环境下由多人同时进行测试，运行正常。

项目总结

　　本项目从实际应用角度，介绍了开发一个网站的全过程。从网站需求分析入手，明确了网站的功能要求，设计了网站功能模块，设计和创建了网站数据库，使用 PHP 技术完成了各个功能模块。网站的后台管理实现了商品类别管理、商品信息管理和用户管理。网站的前台实现了用户注册、用户登录、商品分类展示、商品搜索、添加商品到购物车、付款、查看订单、会员中心充值和退出等功能。通过该项目的学习，可以将前面所学的 PHP+MySQL 制作动态网页的技术融会贯通，配合 DIV+CSS 技术，把一个内容实用、布局美观的网站展现出来。

　　读者可以参考该网站的设计思想，制作完成其他主题的 PHP 网站。在完成网站制作过程中，由于工作量较大，程序多，需要认真细致的编程，对于遇到的问题，要冷静分析，查阅资料，养成主动学习、独立思考和细心检查的学习习惯，从而培养创新能力以及分析问题和解决问题的能力。

参 考 文 献

陈益材，等，2019. PHP+MySQL+Dreamweaver 动态网站开发从入门到精通[M]. 北京：机械工业出版社.

传智播客高教产品研发部，2015. MySQL 数据库入门[M]. 北京：清华大学出版社.

传智播客高教产品研发部，2015. PHP 网站开发实例教程[M]. 北京：人民邮电出版社.

工业和信息化部教育与考试中心，2019. Web 前端开发[M]. 北京：电子工业出版社.

黑马程序员，2017. MySQL 网站开发项目式教程[M]. 北京：人民邮电出版社.

黑马程序员，2017. PHP 基础案例教程[M]. 北京：人民邮电出版社.

林龙健，2019. PHP 动态网站开发项目实战[M]. 北京：机械工业出版社.

卢克·韦林，劳拉·汤姆森，等，2009. PHP 和 MySQL Web 开发[M]. 熊慧珍，武欣，罗云峰，等译. 北京：机械工业出版社.

王姝，2014. PHP+MySQL Web 开发技术教程[M]. 西安：西北大学出版社.

张兵义，万忠，蔡军英，2016. PHP+MySQL +Dreamweaver 动态网站开发实例教程[M]. 北京：机械工业出版社.